人造板 VOCs 及气味研究

沈 隽 王启繁 等 著

科学出版社

北 京

内 容 简 介

本书系统地阐述了人造板挥发性有机化物（VOCs）相关概念及研究现状，同时对气相色谱-质谱/嗅觉测量（GC-MS/O）技术原理、分析方法、影响因素及其研究趋势进行概述，阐明使用感官嗅觉对板材气味进行研究的可行性与必要性。本书从降低人造板在室内环境中VOCs释放及异味出发，进行分析以及实验研究，提出人造板VOCs释放推荐值及保证室内空气无污染环境下饰面人造板最大装载量，指导室内装饰施工工程。利用GC-MS/O技术对不同饰面人造板释放气味特征化合物进行鉴定，揭示人造板家居制作材料异味产生的根源，同时探索气味释放的特性以及环境因素对气味释放的影响，并对板材释放气味特征化合物进行分析评价，为木质家具制作材料异味检测提供科学方法，为健康无污染板材工艺生产及无异味无毒害家具制作提供科学指导。

本书可作为木材科学与技术、家具与室内设计等领域教学与科研人员及高等院校相关专业师生参考用书，也可供环保人造板生产和质量检验人员使用。

图书在版编目（CIP）数据

人造板VOCs及气味研究/沈隽等著. —北京：科学出版社，2019.11
ISBN 978-7-03-062473-4

Ⅰ．人… Ⅱ．沈… Ⅲ．木质板—挥发性有机物—气味—研究 Ⅳ．TS653

中国版本图书馆CIP数据核字（2019）第207119号

责任编辑：张淑晓 孙静惠/责任校对：杨 赛
责任印制：吴兆东/封面设计：耕者设计工作室

科 学 出 版 社 出版
北京东黄城根北街16号
邮政编码：100717
http://www.sciencep.com

北京九州迅驰传媒文化有限公司 印刷
科学出版社发行 各地新华书店经销

＊

2019年11月第 一 版 开本：720×1000 1/16
2019年11月第一次印刷 印张：13
字数：262 000
定价：88.00元
（如有印装质量问题，我社负责调换）

前　言

伴随人类对于高品质生活的追求,室内装饰行业在近些年得到了迅猛的发展。人造板作为装修中普遍使用的一种家具和装饰材料,被广泛运用在人类的日常生活中。其有效替代了实木木材,有利于缓解我国木材资源供应紧张的问题,实现对我国现有资源的充分利用和材料资源的可持续发展。

在大力发展和使用人造板的同时,越来越多的人关注人造板的使用对室内空气质量造成的影响。伴随着互联网和电子科技的发展,人类在室内的时间有着持续增加的趋势。在此形势下,室内空气质量(indoor air quality,IAQ)更应得到重视。影响室内人居环境的主要因素为材料释放的 VOCs 和气味。本书根据常用装饰人造板材刨花板、胶合板、纤维板的不同特性,对其释放挥发性有机化合物(VOCs)和气味进行针对性研究,确定人造板 VOCs 释放推荐值,探索保证室内空气无污染环境下板材装载率。同时对板材释放气味特征化合物进行分析评价,探索环境因素的影响。本书克服了单一客观鉴定的局限性,对于降低人造板在室内环境中 VOCs 释放及异味,保证人类身心健康,促进我国木制品行业健康、稳定地发展具有重大意义。

本书共 8 章。第 1 章,绪论,由沈隽、王启繁撰写;第 2 章,我国人造板 VOCs 释放基本状况,由蒋利群、沈隽撰写;第 3 章,标准状态下人造板 VOCs 释放推荐值的建立,由蒋利群、沈隽撰写;第 4 章,装载率对饰面人造板 VOCs 释放浓度的影响,由邵亚丽、沈隽撰写;第 5 章,饰面人造板 VOCs 室内装载量释放模型的建立,由邵亚丽、沈隽撰写;第 6 章,不同饰面人造板气味释放研究,由王启繁、李赵京、沈隽、董华君撰写;第 7 章,环境因素对饰面人造板 TVOC 及气味释放的影响,由王启繁、李赵京、沈隽、董华君撰写;第 8 章,结语,由沈隽、蒋利群、王启繁撰写。

本书得到了国家重点研发计划课题"木质家居材料健康安全性能检测与评价技术研究"(编号:2016YFD0600706)的资助。

限于作者水平和时间,本书疏漏之处在所难免,恳请读者指正。

作　者
2019 年 6 月

目　　录

第1章 绪　　论

电子科技和互联网的高速发展使得人类在室内生活的时间相比从前持续上升。伴随着患有病态建筑综合征（sick building syndrome）人群的不断增多，室内空气质量（indoor air quality，IAQ）越来越受到人类的重视。为保障人类居住环境，必须确定科学合理的室内空气质量评价依据。美国供暖、制冷和空调工程师学会新制定的标准 ASHRAE standard 62-2001 指出：合格的室内空气应满足污染物浓度低于由权威机构列出的危险浓度指标，同时处于该环境中的绝大部分人感观上处于满意的状态。该项标准一方面体现了制定正确合理的人造板 VOCs 释放推荐值的必要性。另一方面强调了对人造板异味释放进行研究的迫切需求。在装修后的一段时间内，很多居住者在 VOCs 检测不超标的基础上仍然察觉到室内有明显的"装修气味"，且该气味已经对人类的生活产生了影响。长期处于异味环境会对人体健康产生影响，该气味刺激眼睛、呼吸道和皮肤，造成中枢神经异常以及心、肝、肾、脾、造血机能的功能障碍等。同时其也会对人类的精神造成不同程度的危害，导致心情烦躁不安、工作时精力难以集中、无法正常入睡等一系列问题。

为降低人造板对室内空气的影响，需要从 VOCs 浓度和感官气味两方面着手：一方面确定科学合理的人造板 VOCs 释放推荐值，对单位空间饰面人造板最大装载量进行限定，以保障室内 VOCs 浓度低于危险浓度指标；另一方面使用气相色谱-质谱/嗅觉测量（gas chromatography-mass spectrometry/olfactometry，GC-MS/O）技术，将人类灵敏的嗅觉和气相色谱的分离能力相结合，确定异味产生的根源，对人造板释放气味特征化合物进行分析评价。基于以上两方面研究，确保室内空气健康安全，指导室内装饰施工工程。

1.1　VOCs 及装载率概述

1.1.1　VOCs 和装载率的定义

挥发性有机化合物（volatile organic compounds，VOCs）是由一种或多种碳原子组成，在室温和常压下易挥发的化合物。世界卫生组织（WHO）定义的 VOCs 是室温条件下饱和蒸气压大于 133.32Pa、气体的沸点满足 50～260℃的易挥发有机物。VOCs 不仅种类多，而且成分复杂。WHO 按照沸点将 VOCs 分为四类：①VVOC。气体的沸点在 0～50℃之间的极易挥发的有机化合物，如甲醇、甲酸和乙醛。②VOC。气体的沸点在 50～240℃之间的易挥发有机化合物，如乙酸、萜烯。③SVOC。气体的沸点在 240～380℃之间的半挥发性有机化合物，挥发性比较低，如烷烃类、芳香烃类、酯类和醛酮等。④POM。物质的沸点在 380℃以上的颗粒状的有机物。由于 VOCs 的种类很多，单个组分的浓度较低，为了更好地对室内空气挥发性有机化合物的总水平进行评价，丹麦学者提出了总挥发性有机化合物（TVOC）浓度的概念，这一量化指标也被列入我国室内空气污染物检测项目。本书按照《室内空气质量标准》（GB/T 18883—2002）的规定，以 Tenax-TA 作为采样吸附管，利用极性指数小于 10 的非极性色谱柱进行分析，计算出保留时间在正己烷和正十六烷之间的 TVOC 浓度的总和。

装载率是舱体内部板材的暴露面积与舱体体积的比值，装载率的值增大表示板材在舱体内的暴露面积增大，也就是 VOCs 的释放源增加。一般来说，板材的装载率越大，舱体内的 VOCs 的浓度就越大。

1.1.2　VOCs 的来源及危害

室内空气中的 VOCs 的种类较为繁多，来源十分广泛。除了室外空气污染如汽车尾气、工业废气等，VOCs 还大量来源于室内装饰材料和生产生活中产生的有机污染物。在室内装饰过程中，VOCs 主要来自人造板、油漆、涂料和胶黏剂，按随时间衰减的范围分为一次源和二次源。一次源多指非结合的溶剂残留物、添加剂、抗氧化剂、增塑剂、催化剂，如人造板在制造过程中采用的胶黏剂，包括脲醛树脂、酚醛树脂、三聚氰胺、甲醛树脂等，它们在使用过程中老化和分解，会持续不断释放出 VOCs 和游离甲醛。二次源是在不同的物理、化学条件下产生的相应的物理、化学结合物，可能带来突然、剧烈的室内空气污染问题。

饰面板材中的 VOCs 主要来源于胶黏剂，存在于制板、饰面等多个过程中。同样，在板材制造过程中通常会加入催化剂、石蜡、防腐剂等添加剂，其也是 VOCs 的主要释放来源。作为室内主要装饰、家具制作、建筑使用的人造板，不仅在施工过程会释放 VOCs，在长期的使用过程中，缓慢释放的 VOCs 与人体接触，会对居住者本身产生潜在的危害。一些常见的疾病包括慢性病与室内空气 VOCs 过量有直接关系，长期处于室内的人，患上呼吸道疾病的概率会大大提高。全球近一半人处于室内空气污染的危害中。由装饰装修材料和家具所造成的以化学型污染为特征的第三污染时期正逐步影响现代家庭。医学研究也对 VOCs

的成因和危害做了考察，发现其中许多污染物来源复杂，具有不确定性，且每种物质对人体产生的影响不同，可能会对人体的呼吸、血液等系统造成损害。一些具有刺激气味的 VOCs，如高浓度苯、二甲苯，可能引发白血病、呼吸道疾病等，具有致畸、致癌、致突变性。在不良的室内环境中长期生活的人，会出现诸如咽喉刺激、头晕、胸闷等身体不适的症状，同时会引起心情烦躁，导致心理压力的产生。除此之外，VOCs 的浓度过高会引起人体造血系统、内分泌、免疫、泌尿系统等各个方面出现问题和不适，甚至有可能降低肝脏的清除和排毒能力。

近年来，随着人们对生存环境的关注，室内环境这一占据生活时间 70%以上的重要空间，引起了人类越来越多的重视，关于室内空气质量的研究也逐渐成为国内外相关机构研究的重点。

1.2 人类感观嗅觉和气味概述

1.2.1 感观嗅觉使用的必要性与可行性

为了保持生命特征，所有的生物都必须通过呼吸这种方式来进行体内的新陈代谢。嗅觉伴随着呼吸的进行而产生，它与呼吸系统紧密相连。

在人类感官嗅觉上，一方面，由于现代人类忽视嗅觉，越来越多人"嗅而不闻"，随着科技的发展和进步，当人类越来越多地依赖科技和知识，嗅觉正在逐渐被人类忽视。相比于人类，动物和植物把嗅觉的功能发挥得更为充分，如动物在求偶觅食、辨毒辨敌害物、识别亲族等方面运用嗅觉。植物更将气味作为交流信息的手段，实现了邀请、警告、驱赶、求救和应答等多种功能。而作为拥有高度智慧的人类，却在很多时候忽略了嗅觉带给人类的重要信号。另一方面，由于环境污染的加剧，人类长时间被有害气体包围，使得一些嗅觉细胞一定程度上受到了破坏。例如处于同一环境的儿童和成人，儿童会嗅闻到一氧化碳浓度高的气体，并因此哭闹不止，而大人却浑然不知，这种现象非常普遍。嗅觉在一定程度上的退化并非人类进化的表现，而是给人类敲响的一次警钟，告诫我们重视嗅觉刻不容缓。在外国，闻臭师这一行业已经产生，他们使用鼻子来监督工业的毒气排放，对其进行审查和鉴定。

对于嗅觉的利用原本是出于生物的本能行为，它帮助人类辨识危险信号、保护自我安全。但当今世界，人类看中书本知识而忽视动物本能，嗅觉的重要性被忽视，造成了人类在很多方面的遗失。嗅觉是生命的保护器，不仅可以识别危险信息，更是主要接收此类信息的渠道，气味产生的过程同样也是信息发送的过程。

当我们了解到生命科学的盲区和误区后，就能够清楚地认识到这些盲区和误区所带来的严重结果。

1.2.2　生物嗅觉的感知

生物体对气味有较强的敏感性，可以感知并且评价。气味可以直接作用于人类大脑中作为感情和记忆中心的海马体和进行记忆加工工作的杏仁核，对人类情绪和记忆具有微妙的影响。在感官系统中，只有嗅觉直接与大脑边缘系统相连。人类感知气味的过程大体可以用图1-1表示。

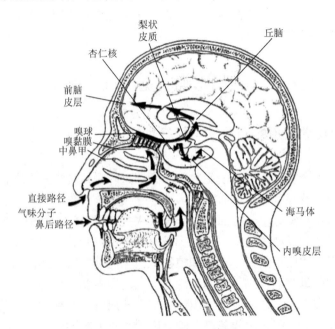

图 1-1　人类大脑感知气味过程

生物的嗅觉感知范围的设定与生物生存需求是具有紧密相关性的。不同于听觉和视觉可用数值界定，嗅觉的感知范围不能用物理量界定，但是它也可以用标准划分，即根据与生存相关性来划分（表1-1）。嗅觉的感知范围具有特定性，生物体会自动区别所感知到的气味应该接收还是舍弃，有些气味会被自动舍弃以防干扰。嗅觉是为动植物生存需要而生的，是由先天性的遗传基因主宰，正因为如此，生物的嗅觉往往对天然物质的判断准确率很高，而对人工合成的化学物质的毒性缺乏判断力。生物体根据已知物的气味参照对比未识别过的物质，这必然会产生失误和误差，但失误以后大脑会自动产生新的记忆，这就是嗅觉的学习和提高过程。

表 1-1　感知范围划分标准

划分标准	释义
正相关	生命有益的物质气味与嗅觉的关系
负相关	生命有害的物质气味与嗅觉的关系
不相关（嗅觉盲区）	生命不需要也无害的物质气味

1.2.3　气味的传播及其分类

气味是一种特殊的信号，是由处于气态的化合物和生物体含有的嗅觉细胞中免疫蛋白的混合物两者发生化学反应形成，它会使生命体产生一种感受，是物质属性的一种。气味实际上是一种整体性的感觉，其表征主要表现为气味强度以及特征。

气味中信息的包含量很大，它能够一定程度上反映物质的本质并体现该物质的外部特征。不同的气味化合物会使生物的感受产生差异。在气味学中，气味作为一种分子波是气态分子，在气相和液相中气味以分子态向周围扩散传播，分子的扩散速率与其质量呈现反比趋势，并且气味分子的密集程度也随着其传播距离的增加呈现稀疏的趋势。它具有波的三要素，即发生源、放射性和可接受性。但气味波又不同于作为能量波的声波和光电磁波，它能够在真空中扩散且速度最快，其传播速度和分子量成反比，虽然受风影响但能逆风传播。气味波包含空气的特征，但本身又有自己的特质。不同于空气的密度随海拔的升高而降低，且空气受温度影响形成气压差进而成风的特性，气味物质表现出扩散性，气味分子的密集程度也随其传播距离的增加呈现稀疏的趋势，所以会显示出方向特性。

气味同时具有维系健康和破坏健康两种特性。它可以被分为香与臭两大类，在气味学中，香与臭、毒与非毒一般来说是具有关联性的。发出愉悦气味的气体大多为对人有益的物质，这种嗅觉感受被称为香，同样，使人感觉厌恶的气味常常对人有害，这种嗅觉感受称为臭。但是香与臭同样存在量的界限，极香则臭，臭味至淡则香。例如麝香远闻香而近闻臭；化工产品香蕉水浓时觉臭淡时觉香。人类嗅觉感知的气味又可以分为六类（表 1-2），对动物而言，还有一种恐惧型气味，产生于猛兽。不同的物质其气味必然会表现出不同的特征。只是由于人类嗅觉的感知范围的局限性，我们可能发现两种不同的物质拥有相似或相近的气味，但若细探究竟，可以发现这两者其实有很大的区别。

表 1-2　人类嗅觉感知气味分类

分类	具体内容
精神兴奋型	花、薄荷、荷叶、樟树、艾蒿等植物的香味
食欲型	肉香、水果香、乳香味及脂肪酸、焦糖、维生素、味精等的气味
性欲型	青春期胴体及腋下的气味、麝香
食物毒性型	恶臭味、腥膻味、强酸强碱的刺激味
吸入毒性型	氮味、氯味等呛人的气味
神经麻痹型	硫化氢、乙醚、氮氧化物等的气味

1.3　人造板 VOCs 国内外研究现状

1.3.1　VOCs 释放研究

人造板 VOCs 的释放主要来源于板材加工制造过程中添加的胶黏剂,少量来源于木材原料本身。此外,在饰面板贴面和涂饰涂料过程中加入的胶黏剂和涂料也对饰面板 VOCs 释放造成较大影响。木材在干燥和热压过程中由于板材内的胶黏剂受热也会释放一定的 VOCs。

Jiang 等研究了胶黏剂类型和热压变量对刨花板产生 VOCs 的影响,并分析了胶黏剂与各个热压变量(热压温度、热压时间、板坯含水率、板坯的密度和板坯树脂含量)之间的相互作用,证明了 VOCs 排放最重要的影响因素是刨花板生产过程中的热压时间、板坯树脂含量、热压温度,而这些变量根据所使用胶黏剂的不同对释放的单体化合物有不同的影响。Pang 等在三个家庭中进行了对比实验,分别测量了使用不同材料的室内污染物浓度。结果表明,使用传统材料即刨花板和中密度纤维板(MDF)制成的家具污染物排放量最大,而采用环保材料的家庭室内污染物浓度明显降低。此外,引进以人造板为材料制成的家具后,甲苯浓度迅速增加,超过标准,说明室内污染物与家具材料的使用密切相关。

2009 年,沈隽、刘玉探究了热压工艺对刨花板的 VOCs 释放的影响,发现了热压温度、热压时间、施胶量以及板材密度对刨花板 VOCs 释放的影响较大,其中热压温度对 VOCs 释放量的影响最为显著。

此外,研究表明,贴面处理对阻碍刨花板 VOCs 释放具有一定的作用。Alpha 将几种饰面人造板与素板进行对比,初步研究了不同板材 VOCs 释放水平和释放效率,提出饰面方法能够阻碍人造板气体挥发路径,采用表面处理能够一定程度降低人造板 VOCs 的释放。2011 年,张文超研究了室内装饰用的饰面刨花板 VOCs 的释放特性,发现刨花板表面的饰面层对基材内部 VOCs 的释放有阻隔作用,其中聚丙烯贴面的阻隔效果优于三聚氰胺浸渍纸贴面和薄木贴面，而水性涂料饰面的阻隔最差。但在对 VOCs 的衰减测试中，水性清漆涂饰的饰面刨花板的环保性能优于醇酸清漆和硝基清漆涂饰的饰面刨花板。

1.3.2 VOCs 的检测

人造板 VOCs 研究的前提是 VOCs 的采集与分析。常用的 VOCs 的采集方法如下：便携式 VOCs 仪检测法、气候箱法、实地和实验室小空间释放法（FLEC）等。便携式 VOCs 仪即气相色谱-质谱（GC-MS）联用仪，德国 INFICON 公司生产的 HAPSITE 便携式 GC-MS 联用仪被环境监测工作者广泛地应用于空气 VOCs 的定量分析工作中。FLEC 是一种较为新型的 VOCs 采集方法，通过对释放条件进行控制，采集其中的有机挥发气体，进而分析其组成成分及浓度。在欧洲标准草案中，FLEC 作为建议方法，应用于 VOCs 或游离甲醛释放量的测定中。在 FLEC 的基础上衍生出了干燥器盖法，该方法具有花费小、样品要求低、可直接通过仪器读数获得检测结果的优点，在 VOCs 的采集上具有优势。

VOCs 分析方法包括气相色谱法和 GC-MS 法。其中最为常用的是 GC-MS 法。1957 年 Holmes 和 Morrel 首次将气相色谱和质谱相结合，而后这一方法被广泛应用于化学物质的定量和定性分析中。此外，许多科研人员用不同方法对 VOCs 进行考察。1998 年，Pellizzari 团队采用常温吸附-直接热脱附色谱法，对 VOCs 进行了实际采样分析。对于半挥发性有机化合物（SVOC），Childers 通过采集的空气样品抽出物，利用气相色谱-基体分离红外光谱法，得到了一系列有效数据。

近年来，国内在 VOCs 的采集检测方面取得了很大进展。刘喜、施玉格将便携式 VOCs 仪应用于环境领域尤其是现场的快速分析和检测，现场测定污染空气中 54 种 VOCs，方法准确度和精密度较好。沈隽、李爽等研制了 15L 小型环境舱，检测了中密度纤维板 VOCs 释放规律和主要成分。实验证明，在与 $1m^3$ 气候箱作对比的情况下，小型环境舱可适用于小试件的 VOCs 检测，实验数据 VOCs 浓度略高于 $1m^3$ 大环境舱，可将检测数据乘上一定修正系数来提高实验结果的准确度。王启繁等使用国产实验微舱作为实验舱，检测了三种人造板，发现它们的 VOCs 释放量与传统环境舱法测得的基本一致，在测得物质相同的前提下使用国产实验微舱的 VOCs 释放速率更快，从而在缩短测试时间的前提下更真实地模拟了不同的实验环境。

戴树桂等以 GC-FID 定量测定的方法，对室内环境中污染物尤其是苯系物进行考察，并通过模拟实验和建立数学模型，得出室内空气污染不仅与污染源和通风换气有关，还取决于室内其他材料对苯系物的汇效应（稀释模型），从环境行为视角分析了污染物来源及变化趋势。赵杨等采用 $1m^3$ 气候箱模拟室内环境，通过 GC-MS 实验仪器对胶合板 VOCs 释放量进行定量分析，得出在不危及人体健康的前提下，单位体积室内空间的胶合板最大使用面积为 $6m^2$。

1.3.3　VOCs 的治理与控制

　　一般来说，饰面刨花板和中密度纤维板 VOCs 的控制可以分为末端治理和源头控制两种方法。末端治理在人们的日常生活中运用得较为广泛，如在新装修的室内放入活性炭、VOCs 清除剂等，适当通风和改变温、湿度等，或者对板材放置较长的时间以减少在使用过程中的释放量。Hodgeo 的实验表明：在未入住的新装修房间里，甲醛、乙二醇、乙醛、乙酸等 VOCs 超标较为明显，并且通过实验也测定出这些化合物多是从胶合板、刨花板以及各种涂料中释放的。1993 年，Haghighat 发现通风或对室内空气进行稀释等措施均对室内 VOCs 下降具有明显效果，其中有一种控制通风量的方法，即"按需求的控制通风"具有十分高的效力。林晓娜、孙璐等以环境温度作为变量，通过对东北地区两种刨花板进行研究，分析了以 VOCs 为主的室内有害气体与环境温度之间的关系。结果表明，环境温度对几种不同工艺板材的 VOCs 释放普遍产生影响，刨花板在不同温度下的 VOCs 释放量变化趋势一致，表现为前期释放量急剧变化，后期随时间延长板材释放量逐渐减小，直至趋于平衡。与此同时，板材释放的 VOCs 浓度与温度成正比，尤其在板材前期释放较为活跃时，这一关系更明显。

　　源头控制则是指在生产刨花板和 MDF 的过程中适当调整生产工艺，在板材表面进行贴面处理等，以起到从板材本身减少饰面板材 VOCs 释放的作用。Park 及其团队通过 20L 的小室检测了刨花板和中密度纤维板中 VOCs 释放量，并研究了不同类型的表面复合材料，如低压层压板（LPL）、聚氯乙烯（PVC）薄膜等对 TVOC 和甲苯的排放的影响。张一帆的研究表明，采取环保型人造板表面装饰是一种较为高效的降低人造板 VOCs 释放的方法。2010 年，陈峰等通过表面装饰对刨花板 VOCs 释放影响的研究发现，薄木贴面可以减少邻苯二甲酸酯的释放；此外，薄木贴面可以在一定程度上减少刨花板 VOCs 的释放量。但是贴面使用的胶黏剂会导致苯类物质增加，因此薄木贴面的刨花板 VOCs 成分和含量受贴面材料和刨花板基材的交联作用的影响。

　　关于涂料方面，2004 年徐江兴等研究发现，使用涂料后较短的时间中，VOCs 的散发率很高，材料中的 VOCs 含量快速减少。当涂料干燥以后，污染物的释放率逐渐降低，但是持续的时间很长。王雨等测定了饰面人造板 TVOC 释放量随时间变化的曲线，通过对比分析可知，油漆饰面人造板 TVOC 远高于三聚氰胺和薄木饰面，证明了市场上销售的油漆饰面人造板 VOCs 的高残留性。2011 年，张文超采用两种水性涂料、两种硝基清漆和一种醇酸清漆，以不同的涂饰方法和涂饰量以及砂光度等对刨花板进行涂饰，分析这些参数对刨花板 VOCs 释放的影响，得出以下结论：最佳涂饰工艺是采用主要成分为水性丙烯酸聚酯分散体的 b 品牌水性木器面漆，涂饰量为 10g，采用辊涂的方式，陈放时间为 16 天，含水率为 6%，采用 60 目的砂纸砂光；刨花板 VOCs 释放量随着陈放时间的增加而减少，随着涂饰量的升高而上升；陈放 6 天的刨花板 VOCs 释放量最大，初始浓度为 446μg/m，到第 28 天时初始浓度的降幅很大，为 35.46μg/m；对贴面刨花板涂饰时发现，陈放时间为 10 天时醇酸清漆的释放量最小，水性漆的释放量反而很大；此外，适当升温可以促进刨花板内部 VOCs 的释放。李永博等的研究表明，在紫外光照射时，涂料中的纳米 TiO_2 会增加板材在释放初期 VOCs 的释放量，纳米 TiO_2 的添加量为 0.10%时对释放量的影响最为明显，它会极大地促进涂料中酯类物质、萜烯类物质、芳香烃类物质和醛酮类物质的降解释放。

此外，在刨花板生产工艺方面，刘玉等通过对热压工艺参数的研究，确定了其对刨花板 VOCs 释放的影响，并且通过对落叶松刨花板释放的除甲醛外的 VOCs 进行采样和气体检测，分析不同热压温度和热压时间对刨花板 TVOC 及其组成成分的影响。结果表明，刨花板 VOCs 的释放有明显的两个阶段，前期释放快、增速明显，后期则趋于稳定。热压温度升高或热压时间延长，刨花板 VOCs 释放量及初始释放浓度都会随之增加，其中芳香烃化合物种类增多，酯类化合物种类和相对含量变化较小。此外，新物质会因为长时间热压而产生，如乙苯和乙酸丁酯，这些挥发性物质的释放会对研究 VOCs 种类和含量造成一定干扰。王敬贤等以刨花板和胶合板为研究对象，研究厚度、工艺、环境因素对人造板 VOCs 释放的影响，得出随着热压时间的延长、人造板厚度的增大，板材 VOCs 释放量增加。其关于刨花板以及胶合板所释放的 VOCs 的组成以及含量的实验表明芳香烃化合物占板材释放 VOCs 主要组分的 90%以上，并且研究表明贴面处理可以十分高效地抑制 VOCs 的释放，特别是芳香烃化合物这类对于人体伤害较严重的物质。此外，通过研究环境湿度对于 TVOC 释放量的影响，王敬贤得出板材 VOCs 释放量随环境相对湿度的增大非线性增加，相较于甲醛，TVOC 在相对湿度作用下变化较不明显，这一结果可能与甲醛易溶于水的特性有关。

综上所述，国内外对 VOCs 的危害、刨花板和中密度纤维板 VOCs 产生的机理以及减少 VOCs 释放对人体的危害和环境的污染方面已经做了大量的工作，但是对于饰面刨花板和 MDF 室内装载率对空间 VOCs 浓度的影响方面却没有展开深入的研究。

1.4　气相色谱-质谱/嗅觉测量技术概述

1.4.1　气相色谱-质谱/嗅觉测量技术原理、分析方法及影响因素

1. 气相色谱-质谱/嗅觉测量技术原理

气相色谱-质谱/嗅觉测量（gas chromatography-mass spectrometry/olfactometry，GC-MS/O）技术包括三个方面：气相色谱的分离、质谱的定性定量分析以及人类敏感的嗅觉测试。该技术是从复杂的混合物中选择和评价气味活性物质的一种有效方法，该技术配有特殊附件——嗅觉端口，结合质谱仪的使用，让定性和定量的感官嗅觉评价得以实现。

GC-MS/O 的工作原理如图 1-2 所示。首先，将采集得到的样品经由热脱附进样器进入气相色谱仪器。因为吸附剂对各个组分吸附能力的差异性，不同组分在色谱柱里的运行速度不同。不同组分根据其吸附力的强弱先后离开色谱柱，使得不同组分在色谱柱中被分离，先后进入检测器。流出组分同时进入质谱仪和闻香器进行检测分析。质谱仪的原理为各组分通过离子源的电离作用生成不同荷质比带正电荷的离子，这些离子由于加速电场的作用形成离子束。这些离子束进入质量分析装置中，利用磁场和电场相反的速度色散作用，使各个组分分别聚集得到质谱图。质谱分析是一种以测量离子荷质比为基础的分析方法，往往再结合内外标法确定其质量。嗅闻仪是一种对气味物质进行在线嗅闻并描述、记录结果的仪器，由人鼻闻嗅的同时进行强度信号记录，同时对所感觉到的气味进行描述，记录结果由计算机处理形成谱图。嗅闻仪的嗅探口由聚四氟乙烯或玻璃制成，多

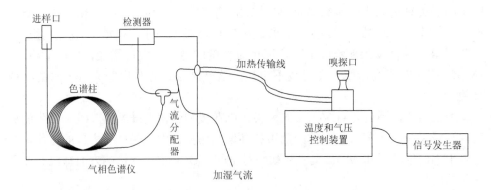

图 1-2　气相色谱-质谱/嗅觉检测仪结构示意图

呈圆锥形。加热传输线可以防止检测组分在毛细管壁上产生凝结作用，向流出组分中同时通入湿空气以防止评估人员的鼻黏膜受伤，发生脱水症状。

2. 气相色谱-质谱/嗅觉测量技术分析方法

在之前的几十年里，相关的研究人员已经开发出不少世界领先的检测方法和技术，其中有一些检测技术已被广泛应用于鉴定气味活性成分及分析气味强度。GC-MS/O 检测技术通常分为如下 4 类：

（1）稀释法。稀释法是气味活性物质检测分析中普遍应用的方法。主要包括 AEDA 法和 Charm 法两种方法。样品的初始提取物经过一系列稀释后，经由色谱柱分离，感官评价员嗅闻 GC 流出组分，并对其气味活性进行评价分析。实验进行直至在嗅闻口不能够闻到任何气味，在最稀浓度下仍能被嗅闻到的气味即为实验样品中的关键气味成分。根据各流出组分的气味检测阈值得到其气味活性值（odour activity values，OAVs，气味成分的浓度与其气味检测阈值的比值）。各气味对总体风味的贡献大小取决于各气味成分的 OAVs。

（2）频率检测法。该方法在 1993 年由 Linssen 等提出，以 6～12 个感官评价员为一组，构成非专业的检测团队，感官评价员对相同浓度的被分析的样品释放的气味进行感官上的评价，记录气味持续时间，气味的强度通过检测频率来表示。

（3）峰后强度法。这种方法是在出峰后一定时间范围内对气味强度的变化情况进行记录的评价方法。要求感官评价员对嗅闻到的各种气味的气味强度在标度上进行评价。以 5 至 9 点标度法最为常见。以 5 点标度法为例，其中：1 表示极弱；2 表示弱；3 表示中等；4 表示强；5 表示极强。

（4）时间强度法。该方法是基于气味强度数量的估测方法，感官评价员在嗅闻到气味后记录气味强度并进行描述评价，有时也对持续时间进行记录。这种方法对感官评价员要求较高，需要事先进行特定的训练与筛选。每位感官评价员需要单独对每种香气活性成分的特性和强度进行评价分析，最终的气味强度峰至少取 3 位感官评价员评定结果的平均值。

除以上 4 种分析方法外，近年来又新发展出基本香气成分词汇-强度-持续时间嗅闻（vocabulary-intensity-duration of elementary odors by sniffing，VIDEO-sniff）法。这种方法结合了频率检测法和时间强度法，起初是被法国 INRA 所使用的。感官评价员感知到的各种气味利用 VIDEO-sniff 法用词汇来描述，并按照气味类型将描述词汇分成大类，赋予每类词汇一种颜色，样品的主要香型可通过直接目测彩色图谱得到。

3. 气相色谱-质谱/嗅觉测量技术影响因素

影响 GC-MS/O 分析结果的因素有很多，主要包括实验样品采样方法、气相分离和质谱条件及环境因素与人为嗅觉偏差等。

（1）实验样品采样方法。样品采样是 GC-MS/O 分析的关键步骤。经采样操作后，实验样品中应该包含分析对象中最具代表性的所有气味成分。GC-MS/O 分析中普遍应用的预处理方法有同时蒸馏萃取（SDE）、顶空-固相微萃取（HS-SPME）技术和溶剂辅助风味蒸发，但针对不同样品所采用的采样手段是多种多样的，每种提取方法都有其优缺点，应确保采样条件的准确性和样品采集时其状态的稳定性。

（2）气相分离和质谱条件。气相色谱法是一种新型的分离分析方法，在近二十年间得到很大程度的发展，现已成为一种专门的科学分析方法。确保气相色谱系统的稳定运行是得到可靠和稳定的数据结果的先决条件。而其各部分装置的性能，如载气、进样口、色谱柱、检测器等的性能都会对气相色谱系统的正常运行产生影响，所以要想获得稳定正常的数据，就要维护好仪器设备，使之能够处于运行的最佳状态。影响质谱图的主要因素有：pH 值、溶液和缓冲剂、电压、气流和温度、样品的结构和性质、样品浓度等。

（3）环境因素与人为嗅觉偏差。嗅闻是人的主观感受与气味物质的结合，外界环境因素对于嗅闻影响十分大。所以实验过程中要最大可能地保证周围空气的清洁度。在室外环境正常的条件下保持室内外通风，避免人类的各种活动和人体散发的各种气味对环境产生影响。人与人的个体性差异和嗅觉灵敏性的不同也会直接对实验结果造成影响。实验的感官评价员必须是经过筛选且通过特定的嗅觉训练，确定合格后才能进行实验操作。在个人差异影响中，嗅觉疲劳是不可避免的，感官品评时，为了避免嗅觉疲劳，在评价时应注意适当休息，采用轮换制。同时，应该运用重复性实验的方法，避免偶然误差，从而提高所得实验数据的准确性。

1.4.2　国外研究现状

国外有很多对气相色谱-质谱（GC-MS）技术和气相色谱-嗅觉（GC-O）检测技术的研究，与国内相关领域相比较，国外开展的时间较早，研究的范围较为广泛，研究程度也较深。

在 GC-MS 研究方面，国外的研究主要集中在农药残留分析、环境污染物分析、激素类以及药物滥用等方面。Camon 等在 2001 年利用丙酮提取，二氯甲烷-石油醚液液萃取的方法检测蔬菜和水果中 80 种农药残留，同时对比分析了不同的离子化方式（EI/CI）对化合物的响应影响；Saito 等在 2011 年对不同生物样本中药物滥用状况分析进行了综述，认为鉴于 GC-MS 在定性和抗基质干扰上的优越性，GC-MS 是不可或缺的分析方法。

在 GC-O 技术方面，气相色谱-质谱/嗅觉检测法起初是由 Fuller 等于 1964 年提出的，它采用直接吸闻从气相色谱中流出组分的方式。1976 年 Acree 等使得

GC-O 技术在原有基础上进行了发展，即将湿气混入流出组分，使其经由薄层层析后再进行感官评价。20 世纪 80 年代中期美国 Acree 及德国 Ullrich 的研究人员几乎同时采用定量稀释分析方法（dilution analysis methods）对香味的强度进行分析，使得 GC-O 技术有了进一步广泛的应用。在食品方面，Machiels 等利用 GC-O 法对两种商品爱尔兰牛肉的挥发性风味化合物做了评价，并通过 GC-MS 鉴定了这些风味化合物。Frank 等使用 GC-MS/O 分析了 Cheddar、hard grating 以及 mold-ripened blue 三种乳酪的风味；Miguez 等使用定量分析技术结合 GC-O 法对某新鲜白葡萄酒（Zalemawine）的挥发性成分进行了分析。Schieberlea 等使用芳香萃取物稀释分析手段对红茶茶叶的挥发组分进行了鉴别。在环境监测方面，Bulliner 等采用钢板对养猪场的恶臭气体进行采样，并使用 HS-SPME 提取钢板上的恶臭物质，使用多维 GC-MS/O 对其成分、恶臭强度进行分析，进而得出了甲酚是养猪场恶臭气味的主要来源且颗粒物对恶臭气味的传播起主要作用的重要结论。Rabaud 等采用热脱附（TD）GC-MS/O 对奶品场的挥发性恶臭气体进行了分析，判断出了各种不同污染物的气味及其贡献大小。在香精香料领域，Choi 等使用 GC-MS/O 技术发现柠檬烯作为金橘皮精油中含量最多的化合物却对其整体香气贡献不大，而 4-萜烯醇、甲酸香茅酯、乙酸香茅酯等含量较低的化合物却为主要香气贡献物。Dharmawan 等使用 GC-MS/O 技术分析了坤甸橙皮精油的香味成分，鉴定出 41 种香味物质并得出了其中香味贡献较大的几种物质。在烟草行业，英美烟草公司 Cotte 等采用 GC-O-NIF 法分析了 10 种不同类型混合比例的卷烟烟气的香气成分，鉴定出十种卷烟中共有 6 种香气成分。建材方面，Clausen 等比较和识别含亚麻油的建筑产品的气味活性化合物，发现其主要气味活性有机化合物为醛和羧酸。Andrea 等识别了石膏制品中有机硫化合物的气味活性，对其化合物浓度进行了评价。Knudsen 等使用感官和化学手段对含有亚麻油和不含亚麻油的建筑产品的气味进行了评价，发现含有亚麻籽油的产品不符合丹麦室内空气质量标准。

在木材领域，GC-MS/O 技术的应用尚不广泛，Félix 等使用顶空微萃取方法，结合 GC-MS/O 技术对由垃圾填埋衍生的塑料和锯末制成的木塑复合材料进行了分析，检测到了超过 140 种化合物，并确定己酸、乙酸、2-甲氧基苯酚、乙酰基呋喃、双乙酰和醛类是最重要气味影响物质。Chen 等使用西部雪松和 2in（1in = 2.54cm）硬木两种木片作为生物滤池填料，用于降低猪舍的气味，并使用 GC-MS/O 进行对比分析，研究表明，使用这两种木片作为填料均对猪舍恶臭的情况有较为明显的改善作用。

1.4.3 国内研究现状

我国的相关技术起步较晚，但是在近十年里也得到了较大的发展，收获了不少的成果。GC-MS/O 技术在国内起步于 20 世纪 90 年代，最早是从国外引进，主要应用于食品、烟草和香精香料等领域。

田怀香等和宋焕禄等使用顶空固相微萃取法提取了金华火腿的风味物质，他们使用 Sniffing 装置接入 GC-MS 毛细管柱出口，对其香味物质进行了柱后感官嗅觉评价。何洁结合动态顶空制样与 GC-MS/O 技术分析了宣威品牌火腿挥发出的气味物质。窦宏亮等采用顶空固相微萃取法提取绿茶和绿茶鲜汁饮品中的挥发性成分，采用 GC-MS/O 法鉴定了这些物质的主要气味特征化合物，并比较和分析了这二者在气味组成和相对含量上的差异。王勇等使用 GC-MS/O 技术在牛栏山二锅头白酒中嗅闻到 92 种香气成分，且得出其中 25 种化合物对其香气贡献较大的结论。江新叶使用 GC-MS/O 法鉴定了北京烤鸭中的风味活性物质。在国内烟草行业，上海烟草集团有限责任公司首次将 GC-O 技术应用于烟草香味的成分分析中，初步建立了基本的感官评价员嗅觉训练和标准 GC-MS/O 实验方法。赵玉平等利用 GC-MS/O 技术研究了木塞对酒风味的影响，并发现：在葡萄酒储藏过程中，天然软木塞能够产生甜木、甜水果、麝香、花香等常见葡萄酒的香味。侯园园等采用固相微萃取法提取天然乳脂的特征性香气成分。赵庆喜等利用固相顶空萃取法提取鳙鱼鱼肉的挥发性成分，并通过 GC-MS/O 技术对其进行评价分析。陈德慰采用固相微萃取法，结合 GC-MS/O 技术对熟制大闸蟹蟹肉的风味进行研究。张青等采用同时蒸馏萃取法-GC-MS/O 评价并定性分析了鲢鱼肉中的挥发性气味活性物质。然而，国内在 GC-MS/O 技术上对木材领域的探索研究尚处于几乎空白的状态。

参 考 文 献

陈德慰. 2007. 熟制大闸蟹风味及冷冻加工技术的研究[D]. 无锡：江南大学.

陈峰，沈隽，苏雪瑶. 2010. 表面装饰对刨花板总有机挥发物和甲醛释放的影响[J]. 东北林业大学学报，38（6）：76-77，80.

戴树桂，张林，白志鹏，等. 1997. 室内空气中苯系物的测定与模拟研究[J]. 中国环境科学，（6）：6-9.

窦宏亮，李春美，顾海峰，等. 2007. 采用 HS-SPME/GC-MS/GC-olfactometry/RI 对绿茶和绿茶鲜汁饮料香气的比较分析[J]. 茶叶科学，21（1）：51-60.

巩献田. 2008. 浅谈钱学森的中医观——钱老关于中医部分论述之刍议[J]. 首都师范大学学报（社会科学版），（S1）：49-76.

何洁，宋焕禄，陈耿俊，等. 2008. 宣威火腿中香味活性化合物的分析[J]. 食品科技，（10）：78-81.

侯园园，王兴国，刘元法. 2008. GC-O 与 GC-MS 结合鉴定天然乳脂风味中的特征致香成分[J]. 食品工业科技，29（3）：143-145.

江新业，宋焕禄，夏玲君. 2008. GC-O/GC-MS 法鉴定北京烤鸭中的香味活性化合物[J]. 中国食品学报，8（4）：160-164.

李德敏，韩玉芝，李晓，等. 2001. 气味致病又治病，植物依天又医天——气味学与气味医学[J]. 科学新闻，（14）：26-40.

李亚新. 2003. 室内空气中挥发性有机物污染与防治[J]. 城市环境与城市生态，（1）：11-12.

李延红，薄萍，朱颖俐，等. 1999. 装饰材料对居室空气污染的调查[J]. 中国公共卫生，（8）：81-82.

李延红，田凤华. 1999. 装饰材料对居室空气污染的调查[J]. 中国公共卫生，15（8）：751-752.

李永博，沈隽，王敬贤，等. 2018. 低分子量脲醛树脂浸渍杨木强化材的饰面性能研究[J]. 森林工程，34（1）：36-40.

林晓娜，孙璐，仝文娟，等. 2011. 环境温度对室内装修有害气体释放影响的研究[J]. 森林工程，27（2）：41-43.

刘美霞，石峻岭，吴世达，等. 2007. IARC：900 种有害因素及接触场所对人类致癌性的综合评价（二）[J]. 环境
    与职业医学，23（1）：180-183.

刘喜，施玉格. 2016. 便携式气相色谱-质谱联用仪应急现场测定空气中 54 种 VOCs[J]. 干旱环境监测，30（4）：
    155-161，174.

刘玉，沈隽，朱晓冬. 2008. 热压工艺参数对刨花板 VOCs 释放的影响[J]. 北京林业大学学报，2008,30（5）：139-142.

潘亚东，李春风. 2017. 三聚氰胺改性树脂涂饰薄木饰面板工艺研究[J]. 森林工程，33（3）：44-47.

沈隽，李爽，类成帅. 2012. 小型环境舱法检测中纤板挥发性有机化合物的研究[J]. 木材工业，26（3）：15-18.

沈隽，刘玉，张晓伟，等. 2006. 人造板有机挥发物（VOCs）释放的影响及研究[J]. 林产工业，33（1）：5-9.

沈隽，刘玉，朱晓冬. 2009. 热压工艺对刨花板甲醛及其他有机挥发物释放总量的影响[J]. 林业科学，（10）：130-133.

沈学优，罗晓璐. 2002. 空气中挥发性有机物监测技术的研究进展[J]. 环境污染与防治，24（1）：46-49.

盛大林. 1999. 李德敏和他的"气味学"[J]. 华夏星火，（10）：29-30.

宋焕禄. 2006. 金华火腿关键香味化合物的鉴定及其形成途径初探[J]. 中国食品学报，6（1）：48-51.

田怀香，王璋，许时婴. 2004. GC-O 法鉴别金华火腿中的风味活性物质[J]. 食品与发酵工业，12：117-123.

王敬贤. 2011. 环境因素对人造板 VOC 释放影响的研究[D]. 哈尔滨：东北林业大学.

王启繁，沈隽，刘婉君. 2016. 国产试验微舱对人造板 VOC 释放检测的分析[J]. 森林工程，32（1）：37-42.

王勇，徐岩，范文来，等. 2011. 应用 GC-O 技术分析牛栏山二锅头白酒中的香气化合物[J]. 酿酒科技，（2）：74-79.

王雨. 2012. 室内装饰装修材料挥发性有机化合物释放标签发展的研究[D]. 哈尔滨：东北林业大学.

沃克 K，沃纳 C. 1989. 空气污染来源及控制[M]. AB1672. 蔡亲颜，等译. 北京：中国环境科学出版社：112-115.

徐江兴. 2004. 室内装饰涂料中 VOC 的挥发特性及其影响因素[C]//中国建筑学会暖通空调专业委员会，中国制冷
    学会空调热泵专业委员会. 全国暖通空调制冷 2004 年学术年会资料摘要集（2）. 中国建筑学会暖通空调专业
    委员会，中国制冷学会空调热泵专业委员会.

许秀艳，吕天峰，梁宵. 2009. 便携式气质联用仪测定空气中挥发性有机物的方法研究[J]. 中国测试，35（2）：
    83-85，128.

杨帆. 1998. 实验室定向刨花板压制过程中释放甲醛和其它有机物的研究[J]. 中国人造板，（6）：6-8.

叶国注，何群仙，李楚芳，等. 2010. GC-O 检测技术应用研究进展[J]. 食品与发酵工业，36（4）：154-160.

张敏，杨莉芬. 2013. 室内甲醛污染的危害及防治对策[J]. 河南科技，（9）：162-162.

张青，王锡昌，刘源. 2009. GC-O 法在食品风味分析中的应用[J]. 食品科学，30（3）：284-287.

张青，王锡昌，刘源. 2009. SDE-GC-olfactometry 联用研究鲢鱼肉的挥发性气味活性物质[J]. 安徽农业科学，37（4）：
    1407-1409.

张一帆. 2002. 几种环保型人造板表面装饰产品及工艺技术[J]. 林产工业，29（4）：26-28.

赵庆喜，薛长湖，徐杰，等. 2007. 微波蒸馏-固相微萃取-气相色谱-质谱-嗅觉检测器联用分析鳙鱼鱼肉中的挥发性
    成分[J]. 色谱，25（2）：267-271.

赵彤，孙江，刘继凤. 2011. 室内空气污染现状及处理方法的探讨[J]. 环境科学与管理，36（6）：48-49.

赵玉平，徐岩，李记明，等. 2008. 白兰地主要香气物质感官分析[J]. 食品工业科技，29（3）：113-116.

朱舟，曾光明，徐敏. 2007. 挥发性有机污染物在室内环境中的化学反应及其健康影响[J]. 环境与健康杂志，24（4）：
    274-276.

Maria R S, 曾珍. 2003. 用实地和实验室小空间释放法（FLEC）测甲醛释放量——复得率及与大气候箱法的相关性[J]. 中国人造板,（10）: 21-23.

Acree T E, Barnard J, Cunningham D G. 1984. A procedure for the sensory analisis of gas chromatographic effluents[J]. Food Chemistry, 14（4）: 273-286.

Acree T E, Butts R M, Nelson P R, et al. 1976. Snifferto determine the odor of gas chromatographic effluents[J]. Analytical Chemistry, 48（12）: 1821-1822.

Atkinson R. 2000. Atmospheric chemistry of VOCs and NO$_x$[J]. Atmospheric Environment, 34（12）: 2063-2101.

Barry A, Corneau D. 2006. Effectiveness of barriers to minimize VOC emissions including formaldehyde[J]. Forest Products Journal, 56（9）: 38-42.

Bulliner E A, Koziel J A, Cai L S, et al. 2006. Characterization of livestock odors using steel plates, solid-phase microextraction, and multidimensional gas chromatography-mass spectrometry-olfactometry[J]. Journal of the Air and Waste Management Association, 56: 1391-1403.

Burdack-Freitag A, Mayer F, Breuer K. 2009. Identification of odor-active organic sulfur compounds in gypsum products[J]. Clean-Soil, Air, Water,（37）: 459-465.

Camon M, Lleo C, Ten A, et al. 2001. Multiresidue determination of pesticides in fruit and vegetables by gas chromatography/tandem mass spectrometry[J]. Journal of AOAC International, 84（4）: 1209-1216.

Chang J C, Fortmann R, Roache N, et al. 1999. Evaluation of low-VOC latex paints[J]. Indoor Air, 9（4）: 253-258.

Choi H S. 2005. Characteristic odor components of kumquat（*Fortunella japonica* Swingle）peel oil[J]. Food Chemistry, 53: 1642-1647.

Clausen P A, Knudsen H N, Larsen K, et al. 2008. Use of thermal desorption gas chromatography-olfactometry/mass spectrometry for the comparison of identified and unidentified odor active compounds emitted from building products containing linseed oil[J]. Journal of Chromatography A, 1210: 203-211.

Cotte V M E, Prasad S K, Wan P H W, et al. 2010. Cigarette smoke: GC-olfactometry analyses using two computer programs[J]. Expression of Multidisciplinary Flavour Science, 12: 498-502.

Dharmawan J, Kasapis S, Sriramula P. 2009. Evaluation of aroma-active compounds in pontianak orange peel oil（*Citrus nobilis* Lour. Var. *micropa* Hassk.）by gas chromatography olfactometry, aroma reconstitution, and omission test[J]. Journal of Agricultural and Food Chemistry, 57: 239-244.

Frank C O, Owen C M, Patterson J. 2004. Solid phase microextraction（SPME）combined with gas-chromatography and olfactometry-mass spectrometry for characterization of cheese aroma compounds[J]. LWT-Food Science and Technology, 37: 139-154.

Fuller G H, Stellencamp R, Tisserand G. 1964. The gas chromato-graph with human sensor: Perfume model. [J]. Academy of Sciences, 116: 711-724.

Haarse H, Vandeheijd G. 1994. Trends in Flavour Research[M]. Amsterdam: Elsevier Science Publishers, 211-220.

Haghighat F, Donnini G. 1993. Emission of indoor pollutants from building materials—State of the art review[J]. Architectural Science Review, 36: 13-22.

Jiang T. 2002. Volatile organic compound emissions arising from the hot-pressing of mixed-hardwood particleboard[J]. Forest Products Journal, 52（11）: 66-77.

Josegomez-Miguez M, Cacho J F, Ferreira V, et al. 2007. Volatile components of Zalema white wines[J]. Food Chemistry, 100: 1464-1473.

Juliana S, Félix C D, Cristina N. 2013. Characterization of wood plastic composites made from landfill-derived plasticand sawdust: Volatile compounds and olfactometric analysis[J]. Waste Management, 33: 645-655.

Kang D, Aneja V P, Mathur R, et al. 2004. Observed and modeled VOC chemistry under high VOC/NO$_x$ conditions in the southeast United States national parks[J]. Atmospheric Environment, 38 (29): 4969-4974.

Katsumata H, Murakami S, Kato S, et al. 2008. Measurement of semi-volatile organic compounds emitted from various types of indoor materials by thermal desorption test chamber method[J]. Building and Environment, 43(3): 378-383.

Knudsen H N, Clausen P A, Wilkins C K, et al. 2007. Sensory and chemical evaluation of odorous emissions from building products with and without linseed oil[J]. Building and Environment, 42: 4059-4067.

Leth M, Lauritsen F R. 2010. A fully integrated trap-membrane inlet mass spectrometry system for the measurement of semivolatile organic compounds in aqueous solution[J]. Rapid Communications in Mass Spectrometry, 9 (7): 591-596.

Machiels D, Van Ruth S M, Posthumus M A, et al. 2003. Gas chromatography-olfactometry analysis of the volatile compounds of two commercial Irish beef meats[J]. Talanta, 60 (4): 755-764.

Martinac I. 1998. Indoor climate and air quality[J]. International Journal of Biometeorology, 42 (1): 1-7.

Milota M R. 2000. Emissions from wood drying: The science and the issues [J]. Forest Products Journal, 50 (6): 10-20.

Mølhave L. 1989. The sick buildings and other buildings with indoor climate problems[J]. Environment International, 15 (1): 65-74.

Pang S K, Cho H, Sohn J Y, et al. 2007. Assessment of the emission characteristics of VOCs from interior furniture materials during the construction process[J]. Indoor and Built Environment, 16 (5): 444-455.

Park J Y, Lee S M, Park B D, et al. 2013. Effect of surface laminate type on the emission of volatile organic compounds from wood-based composite panels[J]. Journal of Adhesion Science and Technology, 27 (5-6): 620-631.

Rabaud N, Ebeler S E, Ashbaugh L, et al. 2002. The application of thermal desorption GC/MS with simultaneous olfactory evaluation for the characterization and quantification of odor compounds from a dairy[J]. Journal of Agricultural and Food Chemistry, 50: 5139-5145.

Saito K, Saito R, Kikuchi Y, et al. 2001. Analysis of drugs of abuse in biological specimens[J]. Journal of Health Science, 57 (6): 472-487.

Sehieberle P, Schuh C. 2006. Aroma compounds in black tea powders of different origins-changes induced by preparation of the infusion[J]. Developments in Food Science, 43: 151-156.

Ullrich F, Grosch W. 1987. Identification of the most intense volatile flavor compounds formed during autoxidation of linoleic acid[J]. Zeitschrift Für Lebensmitteluntersuchung Und-Forschung A, 184 (4): 277-282.

Ushio H, Nohara K, Fujimaki H. 1999. Effect of environmental pollutants on the production of pro-inflammatory cytokines by normal human dermal keratinocytes [J]. Toxicology Letters, 105 (1): 17-24.

Wieslander G, Norbäck D, Björnsson E, et al. 1996. Asthma and the indoor environment: The significance of emission of formaldehyde and volatile organic compounds from newly painted indoor surfaces[J]. International Archives of Occupational and Environmental Health, 69 (2): 115-124.

World Health Organization. 1989. Indoor air quality: Organic pollutants[J]. Environmental Technology Letters, 10 (9): 855-858.

第 2 章　我国人造板 VOCs 释放基本状况

　　人造板作为一种标准工业板材给室内装饰装修带来历史性的突破，它不仅节约木材原料，提高了木材的综合利用率，解决了我国木材资源匮乏的问题，而且克服了天然木材易变形、开裂等缺陷，逐渐成为主要的室内装饰装修用材。人造板主要分为刨花板、胶合板、纤维板等三大类，其延伸产品以及深加工产品达几百种，遍布人们日常生活的角角落落。近年来，饰面人造板的应用越来越广泛。

　　在人造板表面进行涂饰，既可以改变板材的外观，使其更美观、细腻，又能起到保护作用，使板材不易受潮或开裂变形。常用的饰面材料有 PVC 饰纸、三聚氰胺浸渍胶膜纸、油漆、水性漆等。

　　然而人造板及其装饰材料会向环境中释放 VOCs，影响室内空气质量，危害人体健康，因此研究人造板 VOCs 释放特性对制定相关的释放推荐值以及限制 VOCs 的释放具有重要意义。

　　本章选用广州某厂生产的人造板、饰面人造板，使用 $1m^3$ 气候箱采样，利用气相色谱-质谱（GC-MS）联用仪分析不同人造板释放的 VOCs 的主要成分，研究释放规律，探索人造板 VOCs 的释放水平，为验证人造板 VOCs 释放推荐值提供数据支持。

2.1　人造板 VOCs 释放分析方法

2.1.1　实验材料

　　选用广州某知名企业生产的刨花板、胶合板、中密度纤维板为研究对象，进行 VOCs 释放水平测试。人造板的规格为 1200mm×1200mm×8mm（长×宽×厚），甲醛释放等级为 E1 级。其中刨花板素板、PVC 饰面刨花板、三聚氰胺浸渍胶膜纸饰面刨花板、丙烯酸水性漆涂饰刨花板的编号分别为 1、2、3、4；胶合板素板、PVC 饰面胶合板、三聚氰胺浸渍胶膜纸饰面胶合板的编号分别为 5、6、7；中密度纤维板（MDF）素板、PVC 饰面中密度纤维板、三聚氰胺浸渍胶膜纸饰面中密度纤维板的编号分别为 8、9、10。人造板的生产参数见表 2-1。

表 2-1　人造板的生产参数

编号	树种	密度（g/cm³）	含水率（%）	热压温度（℃）	热压时间（s）	胶黏剂
1	多种杂木混合	0.64～0.65	5～6.5	200～240	60～80	脲醛树脂胶黏剂
2	多种杂木混合	0.64～0.65	5～6.5	165～215	60～80	改性脲醛树脂胶黏剂
3	多种杂木混合	0.64～0.65	5～6.5	165～215	60～80	改性脲醛树脂胶黏剂
4	多种杂木混合	0.64～0.65	5～6.5	200～240	60～80	脲醛树脂胶黏剂
5	桉木	0.5～0.7	9～12	95～120	60～80	三聚氰胺改性脲醛树脂胶黏剂
6	桉木	0.5～0.7	9～12	95～120	60～80	改性脲醛树脂胶黏剂
7	桉木	0.5～0.7	9～12	95～120	60～80	改性脲醛树脂胶黏剂
8	大叶栎	0.7～0.8	5～7	180～230	60～80	脲醛树脂胶黏剂
9	大叶栎	0.7～0.8	5～7	165～215	60～80	改性脲醛树脂胶黏剂
10	大叶栎	0.7～0.8	5～7	165～215	60～80	改性脲醛树脂胶黏剂

　　实验前将板材锯割成单面面积为 1000mm×500mm 的试样，为了防止边部 VOCs 的高度释放，将试样的边部用锡箔纸密封，采用双面释放的方法采集气体，总释放面积为 1m²。

2.1.2　实验设备

　　1m³ 气候箱：广东东莞市升微机电设备科技有限公司制造，舱体尺寸为 1578mm× 800mm×800mm（深×宽×高），配有控温装置、控湿装置、高温清洁系统以及循环系统。气候箱参数主要有空气温度、相对湿度、空气交换率、装载率，实验时根据实际需要设定参数。

　　Tenax-TA 吸附管：英国 Markes 公司生产。吸附管的长度为 89mm，外径为 6.4mm，内含 200mg 粒径为 60～80 目的 Tenax-TA 吸附剂（2, 6-二苯呋喃多孔聚合物树脂），两端配有铜帽。

　　TP-5000 通用型热解析老化仪：北京北分天普仪器技术有限公司生产，可解析脱附吸附管中的检测物，清除样品分析完后管内的残留剩余物。

　　GC-MS（联用仪）：热脱附仪是由英国 Markes 公司生产，主机系统为 Unity，载气为氦气，解吸温度为 300℃，管路温度为 180℃，热解析时间为 10min，进样时间为 1min。热脱附全自动进样器为英国 Markes 公司生产，型号为 ultra 100 位自动进样器。以气相色谱柱为分离基础，样品进入进样器后由载气传送以达到色谱柱分离的目的，分离后的样品由柱中流出到检测器再排空。GC-MS 的参数以及调节范围见表 2-2。

表 2-2　GC-MS 参数设置

变量	条件
色谱柱	DB-5（3m×0.26mm×0.25μm）
载气	氦气（99.99%）
温度程序	40℃（2min）→50℃（4min）→150℃（4min）→250℃（8min）
离子源	电子离子
离子源温度	230℃
扫描模式	全扫描

2.1.3　实验方法

实验使用 1m³ 的气候箱模拟室内环境，利用 Tenax-TA 吸附管采集板材一个周期 28 天释放的 VOCs。气候箱的参数设置依据 ISO 16000-9—2006 标准，空气温度设定为（23±1）℃、相对湿度为 50%±1%、空气交换率为 1 次/h、装载率为（1.0±0.05）m²/m³，并参考 GB/T 29899—2013 的分析方法，采用 GC-MS 对板材释放的 VOCs 的浓度和种类进行定量分析。实验前，先用蒸馏水擦洗气候箱箱体内壁，然后开启高温清洁系统，使气候箱温度达到 240℃，清洁 4h，保证气候箱内 TVOC 浓度小于 20μg/m³，各单体浓度均小于 2μg/m³，将气候箱的参数按要求设置。把裁剪好的板材试件放入气候箱中心位置，运转至少 12h，使气体浓度达到稳定，降低样本本身差异。分别在第 1 天、第 3 天、第 7 天、第 14 天、第 21 天以及第 28 天使用 Tenax-TA 吸附管采样，采样气体流量为 200mL/min，采集时间为 10min，收集气体 2L。将收集好的气体用热脱附仪解析 10min，然后利用 GC-MS，采用内标法（内标物为氘代甲苯），对气体进行定性、定量分析。

2.1.4　实验分析

GC-MS 分析采用内标法，内标物为氘代甲苯，内标物为 2μL，浓度为 200ng/μL，实验数据处理由 Xcalibur 软件系统完成。由 NIST 和 Wiley 谱库鉴定 VOCs 的成分，对正反匹配度均大于 800 的化合物进行统计。通过 Excel 处理系统，按照面积归一化法求得 VOCs 中的各个组分及其浓度。根据式（2-1）进行定量分析。

$$m_i = A_i \times (m_s / A_s) \qquad (2-1)$$

其中，A_i 和 A_s 分别代表化合物和内标物的峰面积；m_s 代表内标物的质量。

2.2　人造板 TVOC 释放特性

图 2-1 反映了人造板释放的总挥发性有机化合物（TVOC）的浓度随时间的变化规律。由图可知，人造板种类不同，TVOC 浓度变化趋势相同，都随着时间的延长，浓度逐渐变小。前 7 天，TVOC 的浓度较高，并且迅速降低，从第 14 天到第 28 天，TVOC 的浓度趋于稳定，变化很小。不同人造板，TVOC 的浓度是不同的，这种差异主要产生在释放初期（前 7 天），在释放后期，不同人造板释放的TVOC 的浓度差异很小。第 28 天稳定状态下，人造板释放的 TVOC 的浓度都在150μg/m³ 以下。由图 2-1（a）得到，在释放初期，四种刨花板 TVOC 的释放量从大到小依次为丙烯酸水性漆涂饰刨花板、刨花板素板、三聚氰胺浸渍胶膜纸饰面刨花板、PVC 饰面刨花板。由图 2-1（b）得到，不同胶合板释放的 TVOC浓度不同，浓度最高的为胶合板素板，达到 270μg/m³，浓度最低的为 PVC 饰面胶合板。由图 2-1（c）得到，中密度纤维板素板的 TVOC 浓度最大，其次为三聚氰胺浸渍胶膜纸饰面中密度纤维板，浓度最低的为 PVC 饰面中密度纤维板。由此看出，同一种人造板基材，经过不同方法饰面后，释放的 TVOC 的浓度不同，产生这种现象的原因是不同饰面材料对 VOCs 的封闭率不同，PVC 材料对VOCs 的封闭作用最好，三聚氰胺浸渍胶膜纸次之，而丙烯酸水性漆会释放大量的挥发物，增加板材 VOCs 的释放量。因此，合理的表面装饰已成为控制板材VOCs 释放的有效方法。

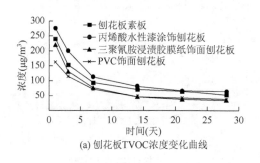

(a) 刨花板TVOC浓度变化曲线

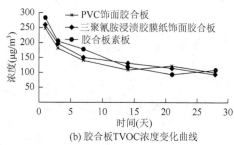

(b) 胶合板TVOC浓度变化曲线

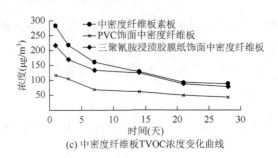

(c) 中密度纤维板TVOC浓度变化曲线

图 2-1　人造板 TVOC 释放量随时间变化的曲线

2.3　人造板不同组分 VOCs 的释放

　　将人造板释放的 VOCs 分为烷烃、芳香烃、萜烯、醛、酯、醇酮以及其他类物质，绘制出这 7 类挥发物的释放浓度随时间变化的曲线，以研究人造板不同 VOCs 组分的释放规律。

2.3.1　刨花板 VOCs 释放特性

　　刨花板 7 类 VOCs 释放浓度随时间的变化曲线如图 2-2 所示。挥发物浓度变化曲线与两个坐标轴围成图形的面积代表该类物质在一个周期 28 天内的总释放浓度。面积越大，表示释放浓度越高，则该类有机物占 TVOC 的百分比越大。由图 2-2（a）看出，刨花板素板释放的 VOCs 中，酯类物质和芳香烃类物质的浓度变化曲线与两坐标轴围成的图形面积最大，且远大于其他物质，说明这两种物质一个周期内的释放浓度很高，占 TVOC 浓度的百分比大，是刨花板素板释放的主要物质，其他 5 类物质的浓度较低，是刨花板素板释放的次要物质。同样，由图 2-2（b）、（c）、（d）得到，丙烯酸水性漆涂饰刨花板释放的主要物质为醇酮类、酯类、芳香烃类；三聚氰胺浸渍胶膜纸饰面刨花板释放的主要物质为烷烃类、醇酮类、酯类；PVC 饰面刨花板释放的主要物质为醇酮类、酯类、烷烃类。

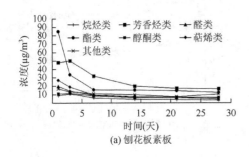

(a) 刨花板素板

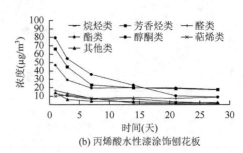

(b) 丙烯酸水性漆涂饰刨花板

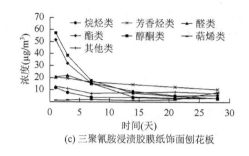
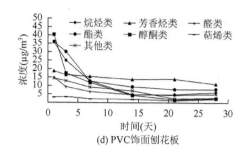

(c) 三聚氰胺浸渍胶膜纸饰面刨花板　　　　　　(d) PVC 饰面刨花板

图 2-2　刨花板释放的 VOCs 的浓度变化

不同组分 VOCs 释放规律不同。由图 2-2(a)看出，在刨花板素板释放的 VOCs 中，酯类物质和芳香烃类物质的浓度整体上呈现下降趋势，在前 7 天，两种物质的浓度很高，并且迅速下降，从第 14 天到第 28 天，浓度变化很小，达到释放平衡。其他 5 类物质的浓度一直很低、很平稳，在整个周期内变化都很小。在释放初期（前 7 天），芳香烃类、酯类物质的浓度远远大于其他 5 类物质，在释放后期，刨花板释放的 7 类挥发物的浓度差异很小。也就是说，刨花板释放的主要物质的浓度变化与 TVOC 的浓度变化呈现相似的规律，而次要物质的浓度变化非常微小。主要物质和次要物质的浓度差异主要产生在释放初期。图 2-2（b）、（c）、（d）也呈现相似的规律。

2.3.2　中密度纤维板 VOCs 释放特性

中密度纤维板 VOCs 释放浓度随时间的变化曲线如图 2-3 所示。不同种类中密度纤维板释放的主要 VOCs 不同，中密度纤维板素板释放的主要 VOCs 为芳香烃类，三聚氰胺浸渍胶膜纸饰面中密度纤维板释放的主要 VOCs 为芳香烃类、酯类以及其他类物质，PVC 饰面中密度纤维板释放的主要 VOCs 为芳香烃类物质。与刨花板相同，中密度纤维板主要释放物质的浓度变化规律与 TVOC 相似，整体

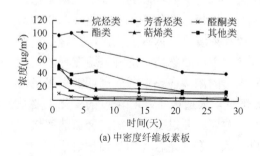
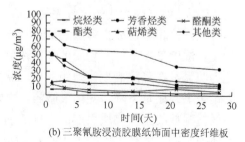

(a) 中密度纤维板素板　　　　　　　　(b) 三聚氰胺浸渍胶膜纸饰面中密度纤维

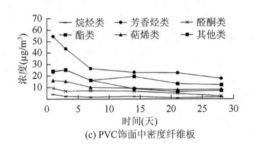

图 2-3　中密度纤维板释放的 VOCs 的浓度变化

上都呈现下降趋势,在释放初期,浓度高且下降速度快,在释放后期浓度达到稳定。其他挥发物的浓度较低,最高仅达到 20μg/m³ 左右。

2.3.3　胶合板 VOCs 释放特性

胶合板 7 类 VOCs 浓度随时间的变化曲线如图 2-4 所示。三种胶合板释放的 VOCs 中,浓度最高的都是芳香烃类物质,最大达到 100μg/m³。芳香烃类物质的浓度整体呈现下降趋势,前 7 天下降最快,浓度下降 40%左右,随后下降速度减弱,浓度稳定在 40μg/m³ 左右。芳香烃类物质浓度变化曲线与两坐标轴围成的图形面积远远大于其他物质,是胶合板释放的主要物质,其浓度变化曲线与胶合板 TVOC 浓度变化曲线相似。芳香烃类物质主要来自胶黏剂、防腐剂等添加剂,其中苯、甲苯等常用作增塑剂。此外木材本身也会释放出一定量的芳香烃。芳香烃类物质的毒理作用一般是经过人体吸收后聚集,造成人体造血功能异常,严重的会导致白血病。与主要物质相比,其他 6 类挥发物的释放浓度较低,都在 60μg/m³ 以下,并且相差不大。这 6 类物质的浓度在整个周期都很稳定,下降趋势并不明显。

因此,VOCs 单体的释放与 TVOC 的释放规律存在差异,不能笼统地描述为在释放初期 VOCs 进行高释放,浓度变化大。因为有些物质的浓度一直很平稳,变化不大,而有些物质的浓度先增大后减小。人造板主要物质的释放规律与 TVOC 的释放规律相似,即在释放初期进行高释放,浓度高,浓度变化大,在释放后期 VOCs 浓度稳定;主要物质的释放浓度远远大于次要物质,这种差距在释放初期尤为明显,在释放后期,差距减小;次要物质的浓度在整个释放周期都很平稳,无论是上升还是下降,变化很微弱。由此可见,人造板 TVOC 浓度的变化主要是由板材释放的主要物质引起的,释放初期,主要物质进行高释放,释放速率快,单体挥发物浓度高,提高了 TVOC 的浓度。因此在人造板 VOCs 治理过程中,最关键的是在释放初期控制和抑制 VOCs 主要物质的释放。

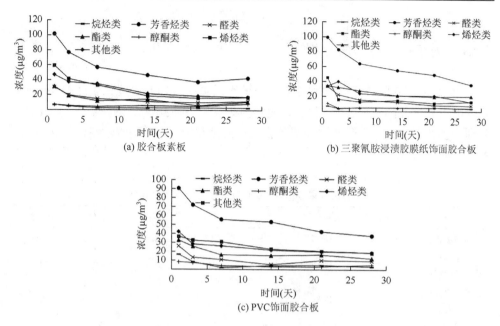

图 2-4 胶合板释放的 VOCs 的浓度变化

2.4 人造板 VOCs 释放毒性物质研究

人造板释放的 VOCs 会影响室内空气质量，危害人体健康，主要是由于大多数 VOCs 具有毒性，这些毒性物质通过人体的呼吸系统、皮肤黏膜等进入人体，对人体的内脏、免疫系统等造成危害。当然，不同的 VOCs 单体毒性不同，对人体的危害程度也不同。世界卫生组织（WHO）将外来化合物的毒性分为剧毒、高毒、中毒、低毒、微毒、无毒 6 个等级，见表 2-3。

表 2-3 世界卫生组织外来化合物毒性分级

毒性分级	大鼠经口 LD_{50}（mg/kg）	大鼠吸入 4h 死亡 1/3～2/3	兔经皮 LD_{50}（mg/kg）	对人可能致死的估计量（g/60kg）区间
剧毒	≤1	≤10	≤5	[0, 0.1]
高毒	(1～50]	(10～100]	(5～43]	(0.1, 3]
中毒	(50～500]	(100～1000]	(43～350]	(3, 30]
低毒	(500～5000]	(1000～10000]	(350～2180]	(30, 250]
微毒	(5000～15000]	(10000～100000]	(2180～22590]	(1000, +∞)
无毒	(15000, +∞)	(100000, +∞)	(22590, +∞)	

2.4.1　刨花板毒性物质分析

第 28 天平衡状态下四种刨花板释放的不同类挥发物的浓度见表 2-4，不同组分浓度占总浓度的百分比见图 2-5，图中刨花板 1、刨花板 2、刨花板 3、刨花板 4 分别为刨花板素板、三聚氰胺浸渍胶膜纸饰面刨花板、丙烯酸水性漆涂饰刨花板、PVC 饰面刨花板。

表 2-4　刨花板第 28 天释放的各类物质的浓度（μg/m³）

板材	烷烃类	芳香烃类	醛类	酯类	醇酮类	萜烯类	其他类
刨花板素板	3.29	16.69	4.5	12.31	6.25	6.27	10.38
三聚氰胺浸渍胶膜纸饰面刨花板	2.92	10.17	2.74	5.23	2.84	7.87	6.84
丙烯酸水性漆饰面刨花板	1.75	17.80	9	18.10	9.11	1.13	12.61
PVC 饰面刨花板	6.1	11	5	7.96	2.61	2.1	2.79

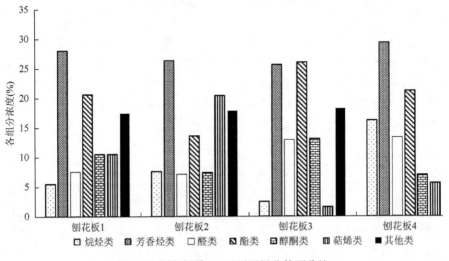

图 2-5　刨花板第 28 天不同组分的百分比

由表 2-4 和图 2-5 得到，平衡状态下不同刨花板释放的主要 VOCs 不同。第 28 天，刨花板素板释放的主要 VOCs 为芳香烃类、酯类以及其他类物质，分别占总挥发性有机化合物浓度的 27.96%、20.62%、17.40%，其他类挥发物的浓度较低，在 5μg/m³ 左右；三聚氰胺浸渍胶膜纸饰面刨花板释放的 VOCs 中，芳香烃类物质浓度最高，达到 $10.17\mu g/m^3$，占总浓度的 26.34%，其次为萜烯类物质和其他类物质，分别占总浓度的 20.38%、17.71%；丙烯酸水性漆涂饰刨花板释放的 VOCs 中，芳香烃类、酯类物质浓度最高，分别为 $17.80\mu g/m^3$、$18.10\mu g/m^3$，占总浓度的 25.61%、26.04%，烷烃类物质和萜烯类物质的浓度最低；PVC 饰面刨花板释放的主要 VOCs 为烷烃类、芳香烃类以及酯类，分别占总浓度的 16.24%、29.29%、21.19%。

平衡状态下刨花板释放的 VOCs 中，芳香烃类化合物占总浓度的百分比最大，其次为酯类。这两类物质的毒性对于总挥发性有机化合物对人体的危害性起关键性作用。因此分析芳香烃类物质和酯类物质的毒性对于保护人体健康具有重要意义。

平衡状态下刨花板主要释放出 5 种芳香烃类物质和 2 种酯类物质，分别为苯、甲苯、乙苯、菲、萘、邻苯二甲酸二甲酯以及邻苯二甲酸二丁酯（表 2-5）。根据世界卫生组织对外来化合物毒性分级，这 7 种物质中，毒性最强的为苯、萘、菲、邻苯二甲酸二丁酯。苯为高毒，多以蒸气形式侵入人体。萘毒性等级为中毒，具有刺激性，可通过呼吸系统、皮肤等进入人体，对人体的血液系统、肝肾等有较大的危害。萘主要用于制作树脂、染料、溶剂，胶合板释放的萘主要来自添加剂。刨花板释放的酯类以邻苯二甲酸二甲酯为主，邻苯二甲酸二甲酯毒性很低，只有在很高的浓度下才会对人体有微弱的刺激作用。虽然邻苯二甲酸二丁酯毒性相对较高，但是平衡状态下刨花板释放出的邻苯二甲酸二丁酯浓度极低，不会对人体有刺激作用。邻苯二甲酸二丁酯常用作增塑剂，高浓度下对皮肤和黏膜有较强的刺激作用。刨花板本身、胶黏剂都会释放出邻苯二甲酸二丁酯，而 PVC 贴面、三聚氰胺浸渍胶膜纸贴面等饰面方法在一定程度上会阻碍酯类物质的释放。这 7 种物质中，毒性最低的为邻苯二甲酸二甲酯（微毒），其他两种物质毒性等级都是低毒。刨花板和添加剂都会释放出一定浓度的苯、甲苯、乙苯，而萘主要来自添加剂。

表 2-5　刨花板释放的芳香烃类物质、酯类物质毒性、来源分析

化合物	化学式	毒性分级	CAS 号	主要来源
甲苯	C_7H_8	低毒	108-88-3	刨花板本身、添加剂
苯	C_6H_6	高毒	71-43-2	刨花板本身、添加剂
乙苯	C_8H_{10}	低毒	100-41-4	刨花板本身、添加剂
菲	$C_{14}H_{10}$	高毒	85-1-8	刨花板本身、添加剂
萘	$C_{10}H_8$	中毒	91-20-3	添加剂
邻苯二甲酸二丁酯	$C_{16}H_{22}O_4$	中毒	84-74-2	添加剂、刨花板本身
邻苯二甲酸二甲酯	$C_{10}H_{10}O_4$	微毒	131-11-3	添加剂、刨花板本身

2.4.2　中密度纤维板毒性物质分析

平衡状态下三种中密度纤维板释放的 VOCs 浓度如表 2-6 所示，各组分的百分比见图 2-6，图中中密度纤维板 1、中密度纤维板 2、中密度纤维板 3 分别为中密度纤维板素板、三聚氰胺浸渍胶膜纸饰面中密度纤维板、PVC 饰面中密度纤维板。平衡状态下中密度纤维板素板释放的 VOCs 中，芳香烃类物质的浓度最高，达到 32.95μg/m³，超过总浓度的 40%，其他物质的浓度较低，其中醇酮类和烷烃类的浓度最低，浓度都在 3μg/m³ 左右。三聚氰胺浸渍胶膜纸饰面中密度纤维板释放的芳香烃类挥发物最多，浓度为 15.79μg/m³，占总浓度的 35% 左右，其次为醇酮类、酯类、萜烯类，均占总浓度的 15% 左右。平衡状态下 PVC 饰面中密度纤维板释放的芳香烃类挥发物浓度最高，达到 40.81μg/m³，占总浓度的 45% 左右，其他物质的浓度低于 15μg/m³。

表 2-6　中密度纤维板第 28 天释放的各类物质的浓度（μg/m³）

板材	烷烃类	芳香烃类	醛类	酯类	醇酮类	萜烯类	其他类
中密度纤维板素板	2.89	32.95	4.64	12.31	3.06	10	11.08
三聚氰胺浸渍胶膜纸饰面中密度纤维板	1.83	15.79	2.53	7.33	8.37	8.37	3.84
PVC 饰面中密度纤维板	2.54	40.81	3.95	14.21	4.52	11.02	10.23

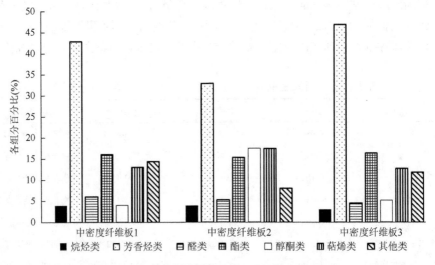

图 2-6　中密度纤维板第 28 天不同组分的百分比

由表 2-7 得出,稳定状态下中密度纤维板释放出 12 种芳香烃单体,分别为苯、乙苯、1-亚甲基-1H-茚、1-甲基萘、联苯、2-甲基萘、苊、菲、对二甲苯、甲苯、萘、芴。这 12 种挥发物中,苯、菲、萘和芴的毒性最高,苯和菲为高毒,萘和芴为中毒。其中菲已被世界卫生组织为人类致癌物,菲可通过吸入、食入、经皮进入人体,对皮肤有刺激作用。萘具有刺激性,可通过呼吸系统、皮肤等进入人体,对人体的血液系统、肝肾等有较大的危害。芴是一种多环芳烃,常用作染料、镇静药等,芴对人的皮肤黏膜有刺激作用,已被世界卫生组织列为第三类致癌物质。中密度纤维板释放的芴主要来自胶黏剂等添加剂。对二甲苯的毒性较低,为微毒,对二甲苯对人体的眼睛和上呼吸道有较强的刺激作用,严重时会导致肺水肿,麻痹神经系统。对二甲苯可用于生产涂料、染料,胶合板释放的对二甲苯主要来自涂料等涂饰材料。其他 7 类单体都表现为低毒。在这 12 种 VOCs 单体中,甲苯、苯、乙苯、1-甲基萘、2-甲基萘、菲等在饰面中密度纤维板中检测到,在中密度纤维板素板中也可以检测到,因此这几种物质既来自中密度纤维板本身,也来自生产过程中添加的胶黏剂、防腐剂等添加剂。

表 2-7　中密度纤维板释放的芳香烃类物质毒性、来源分析

化合物	化学式	毒性分级	CAS 号	主要来源
苯	C_6H_6	高毒	71-43-2	中密度纤维板本身、添加剂
甲苯	C_7H_8	低毒	108-88-3	中密度纤维板本身、添加剂
乙苯	C_8H_{10}	低毒	100-41-4	中密度纤维板本身、添加剂
2-甲基萘	$C_{11}H_{10}$	低毒	91-57-6	中密度纤维板本身、添加剂
联苯	$C_{12}H_{10}$	低毒	92-52-4	中密度纤维板本身、添加剂
苊	$C_{12}H_{10}$	低毒	83-32-9	中密度纤维板本身、添加剂
菲	$C_{14}H_{10}$	高毒	85-01-8	中密度纤维板本身、添加剂
1-亚甲基-1H-茚	$C_{10}H_8$	低毒	2471-84-3	中密度纤维板本身
1-甲基萘	$C_{11}H_{10}$	低毒	90-12-0	中密度纤维板本身、添加剂
芴	$C_{13}H_{10}$	中毒	86-73-7	胶黏剂等添加剂
对二甲苯	C_8H_{10}	微毒	106-42-3	添加剂
萘	$C_{10}H_8$	中毒	91-20-3	胶黏剂等添加剂

2.4.3　胶合板毒性物质分析

平衡状态下三种胶合板释放的 VOCs 浓度如表 2-8 所示，各组分的百分比见图 2-7，图中胶合板 1、胶合板 2、胶合板 3 分别为胶合板素板、三聚氰胺浸渍胶膜纸饰面胶合板、PVC 饰面胶合板。平衡状态下胶合板素板释放的 VOCs 中，芳香烃类浓度最高，达到 $42.41\mu g/m^3$，占总浓度的 39.04%，其次为萜烯类物质和其他类物质，各占总浓度的 15%左右；三聚氰胺浸渍胶膜纸饰面胶合板释放的 VOCs 中，芳香烃类物质浓度最高，达到 $35.15\mu g/m^3$，占总浓度的 37.43%，烷烃类和醇酮类物质浓度最低，占总浓度的 4%左右；PVC 饰面胶合板释放的 VOCs 中，芳香烃类、萜烯类以及其他类物质浓度较高，分别占总浓度的 37.33%、18.16%、17.88%。由表 2-8 得到，平衡状态下，三种胶合板释放的主要 VOCs 都为芳香烃类物质，因此，在控制胶合板 VOCs 释放时，应重点控制芳香烃类物质的浓度，此外，萜烯类物质也要重点关注。

表 2-8　胶合板第 28 天释放的各类物质的浓度（$\mu g/m^3$）

板材	烷烃类	芳香烃类	醛类	酯类	醇酮类	萜烯类	其他类
胶合板素板	2.59	42.41	11.17	10.5	7.94	16.83	17.2
三聚氰胺浸渍胶膜纸饰面胶合板	3.34	35.15	7.26	12.47	3.79	12.19	19.7
PVC 饰面胶合板	2.26	36.95	8.61	11.43	4.06	17.98	17.7

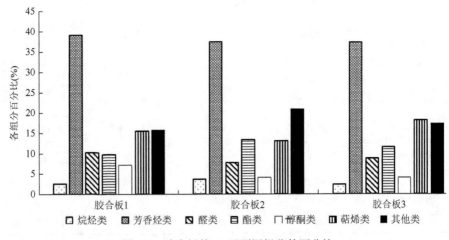

图 2-7　胶合板第 28 天不同组分的百分比

平衡状态下三种胶合板释放的 VOCs 中，芳香烃类物质的浓度最高，约占总浓度的 40%，可以说芳香烃类物质的浓度和毒性决定了稳定状态下 TVOC 对人体的危害程度，也是胶合板释放的 VOCs 中主要的限量物质。结合世界卫生组织对外来化合物毒性分级，将第 28 天胶合板释放的芳香烃类物质的毒性进行分级，并推测物质的来源。

由表 2-9 得出，稳定状态下胶合板释放出 11 种芳香烃单体，分别为苯、乙苯、1-亚甲基-1H-茚、1-甲基萘、联苯、1,3-二甲基萘、苊、菲、对二甲苯、甲苯、萘。这 11 种挥发物中，苯、萘、菲的毒性最高，苯、菲为高毒，萘为中毒。其中菲已被世界卫生组织列为人类致癌物，菲可通过吸入、食入、经皮进入人体，对皮肤有刺激作用。萘具有刺激性，可通过呼吸系统、皮肤等进入人体，对人体的血液系统、肝肾等有较大的危害。萘主要用于制作树脂、染料、溶剂，胶合板释放的萘主要来自添加剂。对二甲苯的毒性较低，为微毒，对二甲苯对人体的眼睛和上呼吸道有较强的刺激作用，严重时会导致肺水肿，麻痹神经系统。对二甲苯可用于生产涂料、染料，胶合板释放的对二甲苯主要来自涂料等装饰材料。其他 7 类单体都表现为低毒。在这 11 种 VOCs 单体中，乙苯、1-甲基萘、1,3-二甲基萘、菲等在饰面胶合板中检测到，在胶合板素板中也可以检测到，因此这几种物质既来自胶合板本身，也来自生产过程中添加的胶黏剂、防腐剂等添加剂。

表 2-9　胶合板释放的芳香烃类物质毒性、来源分析

化合物	化学式	毒性分级	CAS 号	主要来源
苯	C_6H_6	高毒	71-43-2	胶合板本身释放、胶黏剂
乙苯	C_8H_{10}	低毒	100-41-4	胶合板本身释放、添加剂
1-亚甲基-1H-茚	$C_{10}H_8$	低毒	2471-84-3	胶合板本身释放
1-甲基萘	$C_{11}H_{10}$	低毒	90-12-0	胶合板本身释放、胶黏剂
联苯	$C_{12}H_{10}$	低毒	92-52-4	胶合板本身释放、胶黏剂
1,3-二甲基萘	$C_{12}H_{12}$	低毒	575-41-7	胶合板本身释放、添加剂
苊	$C_{12}H_{10}$	低毒	83-32-9	胶合板本身释放、添加剂
菲	$C_{14}H_{10}$	高毒	85-01-8	胶合板本身释放、添加剂
对二甲苯	C_8H_{10}	微毒	106-42-3	胶黏剂
甲苯	C_7H_8	低毒	108-88-3	胶合板本身释放、添加剂
萘	$C_{10}H_8$	中毒	91-20-3	添加剂

2.5　本章小结

将不同的人造板放置在 1m³ 气候箱中，在规定的条件下循环，用 Tenax-TA 管

采集板材释放的 VOCs，利用 GC-MS 分析人造板释放的 VOCs 的种类、浓度，研究不同人造板 VOCs 的释放水平。结果如下：

（1）第 28 天稳定状态下，人造板释放的总挥发性有机化合物（TVOC）的浓度低于 150μg/m³。稳定状态下，人造板释放的芳香烃类化合物浓度最高，是重点限量的化合物。

（2）不同人造板 TVOC 浓度变化趋势相同，即随着时间的延长 TVOC 的浓度逐渐减小。在释放初期（前 7 天），TVOC 的浓度高，下降快，从第 14 天到第 28 天，TVOC 的浓度趋于稳定，变化很小。不同人造板，TVOC 的浓度是不同的，这种差异主要产生在释放初期（前 7 天），在释放后期，人造板释放的 TVOC 的浓度差异变小。同一种人造板基材，经过饰面以后，TVOC 的浓度不同，产生这种现象的原因是不同饰面材料对 VOCs 的封闭率不同，PVC 材料对 VOCs 的封闭作用最好，三聚氰胺浸渍胶膜纸次之，而丙烯酸水性漆会释放大量的挥发物，增加板材 VOCs 的释放量。

（3）人造板 TVOC 浓度的变化主要是由板材释放的主要物质引起的。释放初期，主要物质释放高，提高了 TVOC 的释放浓度。主要释放物质与 TVOC 具有相似的浓度变化趋势。因此在人造板 VOCs 治理过程中，最关键的是在释放初期控制和抑制 VOCs 主要物质的释放。

（4）平衡状态下不同人造板释放的主要 VOCs 不同。第 28 天，刨花板素板释放的主要 VOCs 为芳香烃类、酯类以及其他类物质；三聚氰胺浸渍胶膜纸饰面刨花板释放的 VOCs 中，芳香烃类物质浓度最高，其次为萜烯类物质和其他类物质；丙烯酸水性漆涂饰刨花板释放的 VOCs 中，芳香烃类、酯类物质浓度最高，烷烃类物质和萜烯类物质的浓度最低；PVC 饰面刨花板释放的主要 VOCs 为烷烃类、芳香烃类以及酯类。平衡状态下胶合板素板释放的 VOCs 中，芳香烃类浓度最高，其次为萜烯类物质和其他类物质；三聚氰胺浸渍胶膜纸饰面胶合板释放的 VOCs 中，芳香烃类物质浓度最高，烷烃类和醇酮类物质浓度最低；PVC 饰面胶合板释放的 VOCs 中，芳香烃类、萜烯类以及其他类物质浓度较高。平衡状态下中密度纤维板释放的 VOCs 中芳香烃类物质浓度最高，其他物质浓度差别不大。

（5）根据世界卫生组织对外来化合物毒性分级，分析平衡状态下人造板释放的主要 VOCs 的毒性。平衡状态下刨花板主要释放出 5 种芳香烃类物质、2 种酯类物质。这 7 种物质中，毒性最强的为苯、菲、萘、邻苯二甲酸二丁酯。稳定状态下胶合板释放出 11 种芳香烃单体，其中毒性最强的为苯、菲、萘，毒性最低的为对二甲苯（微毒），其他 7 种单体为低毒。稳定状态下中密度纤维板释放出 12 种芳香烃单体，分别为苯、乙苯、1-亚甲基-1H-茚、1-甲基萘、联苯、2-甲基萘、苊、菲、对二甲苯、甲苯、萘、芴。这 12 种挥发物中，苯、菲、萘和芴的毒性最高，苯、菲为高毒，萘和芴为中毒，对二甲苯的毒性最低，为微毒，其他物质为低毒。

参 考 文 献

陈峰，沈隽，苏雪瑶. 2010. 表面装饰对刨花板总有机挥发物和甲醛释放的影响[J]. 东北林业大学学报，38（6）：76-77，80.

陈峰，夏兴华，沈隽. 2018. 板式家具用薄木贴面刨花板 VOCs 释放特性的研究[J]. 山东林业科技，48（2）：11-14，18.

王启繁. 2018. 饰面刨花板气味释放特性及环境因素影响研究[D]. 哈尔滨：东北林业大学.

GB/T 29899—2013. 2013. 人造板及其制品中挥发性有机化合物释放量实验方法小型释放舱法[S].

ISO 16000-9-2006. 2006. Indoor air-Part 9: Determination of the emission of volatile organic compounds from building products and furnishing-emission test chamber method[S].

第3章 标准状态下人造板 VOCs 释放推荐值的建立

3.1 释放推荐值制定的意义

随着人们物质生活的改善及生活水平的提高，人们对于自身的身体健康日益重视，居民对于室内环保愈发重视。由于人们日常的起居和主要活动均在室内进行，有研究表明，人一天中有超过 80%的时间在室内，因此室内的空气状况会对人体健康产生极大影响。室内空气情况看似安全，但装修或空气不经常流通会导致室内空气污染比室外更加严重。室内空气污染主要是装饰、装修释放的空气污染物所致。从 2003 年起，我国一直是人造板生产第一大国，且装修装饰材料和家具产值均稳居世界前列。随着人造板材在人民日常生活中的广泛使用，VOCs 的释放量也逐渐增加。VOCs 中包括很多种成分，其中醛类、甲苯等挥发性气体对人们健康的影响较为突出。在这种情况下，为了追求更高的生活质量，对于 VOCs 释放推荐值的研究势在必行。

人造板释放的 VOCs 已经成为室内空气污染的主要污染物。因此，探究人造板 VOCs 释放推荐值对于保证室内空气质量、保护人民群众健康、促进我国人造板产品健康稳定发展和提高其在国际上的竞争力具有重要意义。

3.2 资 料 分 析

制定本标准的主要参考依据为 GREENGUARD 标准，主要参考数据为职业接触限值（TLV）、慢性参考暴露水平（CRELs）。职业接触限值是指劳动者在职业活动过程中长期反复接触，对绝大多数接触者的健康不引起有害作用的容许接触水平。慢性参考暴露水平是吸入浓度，包括敏感个体在内的大多数人群长时间暴露于该吸入浓度而不会产生严重不良反应。室内的 VOCs 单体存在多种来源，为了确保室内 VOCs 的浓度在容许的范围内，GREENGUARD 以及加利福尼亚州环境健康危害评估办公室（OEHHA）将 CRELs 值的一半定为 VOCs 单体的最大容许浓度。本标准将人造板及其产品划分为合格品和优等品，合格品主要针对普通人群，优等品主要针对儿童、老人等特殊人群。本标准规定人造板释放的特定 VOCs 单体的限量浓度不得高于 TLV 的 1/100，也不得高于 CRELs 值的一半。另外参考 GREENGUARD 标准，对总醛类浓度、其他 VOCs 单体浓度以及 TVOC

浓度进行限定。

加利福尼亚州环境健康危害评估办公室列举出目标 VOCs 并规定了它们的最大容许浓度，同时 GREENGUARD 标准也对这些物质浓度进行了限定（表 3-1）。根据本书对 VOCs 的定义，在这些物质中，苯、正己烷、萘、苯酚、苯乙烯、甲苯、间二甲苯、邻二甲苯、对二甲苯属于 VOCs，它们的最大容许浓度对制定人造板 VOCs 释放推荐值具有重要的参考价值。

表 3-1　OEHHA 规定的目标 VOCs 与 GREENGUARD 标准对比

序号	化学物质	CAS 号	最大容许浓度（$\mu g/m^3$）	GREENGUARD 金级认证浓度（$\mu g/m^3$）
1	乙醛	75-07-0	70	70
2	苯	71-43-2	30	16
3	二硫化碳	75-15-0	400	310
4	四氯化碳	56-23-5	20	20
5	氯苯	108-90-7	500	460
6	三氯甲烷	67-66-3	150	150
7	对二氯苯	106-46-7	400	400
8	1, 1-二氯乙烯	75-35-4	35	35
9	二甲基甲酰胺	68-12-2	40	40
10	1, 4-二氧六环	123-91-1	1500	720
11	环氧氯丙烷	106-89-8	1.5	1.5
12	乙苯	100-41-4	1000	1000
13	乙二醇	107-21-1	200	200
14	乙二醇乙醚	110-80-5	35	35
15	乙二醇乙醚乙酸酯	111-15-9	150	150
16	乙二醇甲醚	109-86-4	30	30
17	2-甲氧基乙酸乙酯	110-49-6	45	45
18	甲醛	50-00-0	16.5	9
19	正己烷	110-54-3	3500	1760
20	异佛尔酮	78-59-1	1000	280
21	异丙醇	67-63-0	3500	3500
22	1, 1, 1-三氯乙烷	71-55-6	500	500
23	二氯甲烷	75-09-2	200	200
24	甲基叔丁基醚	1634-04-4	4000	1800
25	萘	91-20-3	4.5	4.5
26	苯酚	108-95-2	100	100

序号	化学物质	CAS 号	最大容许浓度（μg/m³）	GREENGUARD 金级认证浓度（μg/m³）
27	丙二醇甲醚	107-98-2	3500	3500
28	苯乙烯	100-42-5	450	450
29	四氯乙烯	127-18-4	17.5	17.5
30	甲苯	108-88-3	150	150
31	三氯乙烯	79-01-6	300	300
32	乙酸乙烯酯	108-05-4	100	100
33	间二甲苯	108-38-3	350	350
34	邻二甲苯	95-47-6	350	350
35	对二甲苯	106-42-3	350	350

3.3　人造板挥发性有机化合物释放推荐值初探

参考美国 GREENGUARD 标准，本标准根据职业接触限值（TLV）、慢性参考暴露水平（CRELs），并结合市场常用板材释放的 VOCs 的种类、浓度及其毒性，初步探究适合我国国情的人造板 VOCs 释放推荐值，具体的限量物质以及释放推荐值见表 3-2 和表 3-3。

表 3-2　人造板及其制品 VOCs 释放推荐值总要求

限制物质	英文名称	第 28 天结束时稳定状态下释放推荐值（μg/m³）	
		合格品	优等品
TVOC	total volatile organic compounds	500	220
总醛类	total aldehydes	390	170
其他 VOCs 单体[①]	other individual VOCs	≤0.1TLV[②]	≤0.01TLV

① 其他 VOCs 单体是指在 TLV 中列出的化合物。

② TLV 为职业接触限值，参考 American Conference of Government Industrial Hygienists，6500 Glenway，Building D-7，Cincinnati，Ohio 45211-4438。

表 3-3　优等品 VOCs 单体释放推荐值要求

限量物质	英文名称	化学式	CAS 号	备注	第 28 天结束时稳定状态下释放推荐值（μg/m³）
苯	benzene	C_6H_6	71-43-2	皮，G1	16
联苯	diphenyl	$C_{12}H_{10}$	92-52-4	—	13
乙苯	ethylbenzene	C_8H_{10}	100-41-4	G2B	1000

续表

限量物质及参数					第 28 天结束时稳定状态下释放推荐值（μg/m³）
限量物质	英文名称	化学式	CAS 号	备注	
萘	naphthalene	$C_{10}H_8$	91-20-3	皮，G2B	4.5
苯乙烯	styrene	C_8H_8	100-42-5	敏，G2B	450
甲苯	toluene	C_7H_8	108-88-3	皮	150
二甲苯	xylene	C_8H_{10}	1330-20-7	—	350

注：备注栏中标有"皮"的物质（如苯、甲苯、萘），表示可因皮肤、黏膜和眼睛直接接触蒸气、液体和固体，通过完整的皮肤吸收引起全身效应。使用"皮"的标志，旨在提示即使空气中挥发性物质浓度很低，通过皮肤接触也可引起过量接触。

备注栏中标注的"G1"和"G2B"为世界卫生组织国际癌症研究中心（IARC）潜在化学致癌性物质分级。分级包括：G1，确认人类致癌物；G2A，可能人类致癌物；G2B，可疑人类致癌物；G3，对人及动物致癌性证据不足；G4，未列为人类致癌物。本标准引用国际癌症研究中心的致癌性分级。

备注栏中标有"敏"的物质（如苯乙烯），是指该物质已被人或动物资料证实该物质可能有致敏作用。使用"敏"的标志不能明显区分致敏器官，未标注"敏"的物质并不代表没有致敏作用，只反映目前尚缺乏科学证据或者尚未定论。使用"敏"的标志，旨在提高人们对该物质的关注，保护居民避免诱发致敏效应。

由表 3-2 和表 3-3 得到，人造板及其制品分为合格品和优等品两个等级，合格品主要针对一般人群，优等品主要针对老人、儿童、孕妇等免疫力相对较弱、对室内空气质量要求较高的人群。在商场、车站等场所使用的人造板必须符合该标准中合格品的释放推荐值总要求，在医院、学校、敬老院等场所使用的人造板则需符合该标准中对优等品的释放推荐值总要求和单体释放推荐值要求。该标准限定了苯、甲苯、乙苯、二甲苯、苯乙烯、联苯、萘等七种 VOCs 单体在第 28 天稳定状态下的保证人体健康的限量释放浓度，同时也对 TVOC、总醛类以及其他 VOCs 单体的浓度进行了限制。对于合格品，在第 28 天稳定状态下，人造板释放的 TVOC 浓度不得高于 500μg/m³，总醛类的浓度不得高于 390μg/m³，其他 VOCs 单体的释放浓度不得高于职业接触限值的 1/10。对于优等品，在第 28 天稳定状态下，人造板及其制品释放的 TVOC 的浓度不得高于 220μg/m³，总醛类的浓度不得高于 170μg/m³，其他 VOCs 单体的释放浓度不得高于职业接触限值的 1/100。

3.3.1 特定 VOCs 单体

1. 苯

苯是最简单的芳香烃，在常温下带有强烈的芳香味。大气中的苯多以蒸气形式侵入人体，对人的造血系统以及神经系统造成侵害，引发白血病、骨髓增生异常综合征等疾病。1988 年，有学者对 459 位橡胶工人进行调查，研究苯的平均暴露水平与白细胞总数的关系，结果表明：工作场所苯的平均浓度与人体的白细胞个数呈负相关性。苯的急性中毒是由于接触者短时间在极高浓度的苯蒸气环境中工作，苯主要麻痹人的中枢神经系统，长期反复接触低浓度的苯可引起中毒。苯已被世界卫生组织国际癌症研究中心确认为人类致癌物，也是本限量标准确认的对人体危害最大的物质之一。苯的 1/100 TLV 值为 $16\mu g/m^3$，1/2 CRELs 值为 $30\mu g/m^3$，因此将苯的释放推荐值确定为 $16\mu g/m^3$。

2. 联苯

联苯是重要的有机原料，广泛用于医药、农药、染料、液晶材料等领域，具有特殊的香味。联苯可通过皮肤以及呼吸系统侵入人体，其蒸气能刺激眼、鼻、气管，引起食欲不振、呕吐等。吸入的高浓度联苯，主要损害神经系统和肝脏，可致过敏性或接触性皮炎。长期接触可引起头痛、乏力、失眠等以及呼吸道刺激症状。美国政府工业卫生学家会议规定联苯的职业接触限值（TLV）为 $1.3mg/m^3$，因此将联苯的释放推荐值确定为 1/100 TLV，即 $13\mu g/m^3$。

3. 乙苯

乙苯是一种芳香族有机化合物，主要用途是在石油化学工业中作为生产苯乙烯的中间体，具有芳香气味。乙苯的暴露途径主要包括：呼吸吸入、食物或饮水摄入，乙苯以苯化合物系列中刺激性最大著称。乙苯对皮肤、黏膜有较强刺激性，高浓度有麻醉作用。乙苯的急性中毒主要表现为头晕、头痛、恶心、呕吐、步态蹒跚、轻度意识障碍及眼和上呼吸道刺激症状，重者发生昏迷、抽搐、血压下降及呼吸循环衰竭。乙苯已被国际癌症研究中心列为可疑人类致癌物，是需要重点关注的化合物之一。乙苯的 1/100 TLV 值为 $4340\mu g/m^3$，1/2 CRELs 值为 $1000\mu g/m^3$，因此将乙苯的释放推荐值确定为 $1000\mu g/m^3$。

4. 萘

萘是一种稠环芳香烃，主要用于生产染料中间体、橡胶助剂和杀虫剂等。萘具有毒性，暴露途径主要有：呼吸吸入、食入、皮肤吸收。萘具有刺激性，吸入高浓度萘蒸气或粉尘时，可出现眼及呼吸道刺激、角膜混浊、头痛、恶心、呕吐等，也可发生视神经炎和视网膜炎。重者可发生中毒性脑病和肝损害。反复接触萘蒸气，可引起血液系统损害。萘已被国际癌症研究中心列为可疑人类致癌物。有报道称在 15 个参与萘生产的人群中，绝大多数人得了鼻咽炎或者喉癌。有学者研究发现，摄入萘是儿童中毒的常见原因，婴儿接触萘蒸气会引起死亡，此外若孕妇经常暴露于萘蒸气也会严重影响婴儿的健康。萘的 1/100 TLV 值为 520μg/m³，1/2 CRELs 值为 4.5μg/m³，因此将萘的释放推荐值确定为 4.5μg/m³。

5. 苯乙烯

苯乙烯是用苯取代乙烯的一个氢原子形成的有机化合物，是合成树脂、离子交换树脂及合成橡胶等的重要单体。苯乙烯对眼和上呼吸道黏膜有刺激和麻醉作用，急性中毒表现为高浓度接触时，立即引起眼及上呼吸道黏膜的刺激，出现眼痛、流泪、咽痛、咳嗽等，继而出现头痛、头晕、恶心、呕吐、全身乏力等；严重者出现眩晕、步态蹒跚。长期接触会引起阻塞性肺部病变，皮肤粗糙、皲裂和增厚。苯乙烯已被国际癌症研究中心列为可疑人类致癌物。苯乙烯的 1/100 TLV 值为 850μg/m³，1/2 CRELs 值为 450μg/m³，因此将苯乙烯的释放推荐值确定为 450μg/m³。

6. 甲苯

甲苯是苯的同系物，具有类似苯的芳香气味。甲苯对皮肤、黏膜有刺激性，对中枢神经系统有麻醉作用。甲苯的急性中毒表现为短时间内吸入较高浓度甲苯时可出现眼及上呼吸道明显的刺激症状、眼结膜及咽部充血、头晕、头痛、恶心、呕吐、步态蹒跚、意识模糊。重症者可有躁动、抽搐、昏迷。长期接触可发生神经衰弱综合征、肝大及皮肤干燥、皲裂等，甚至会降低人的智商。甲苯的 1/100 TLV 值为 1880μg/m³，1/2 CRELs 值为 150μg/m³，因此将甲苯的释放推荐值确定为 150μg/m³。

7. 二甲苯

二甲苯具有芳香烃的特殊气味。二甲苯可通过吸入、口服、皮肤接触等进入人体。二甲苯对眼及上呼吸道有刺激作用，高浓度时，对中枢系统有麻醉作用，常表现为反应迟钝、身体平衡失调。急性中毒时，可因呼吸衰竭而表现出震颤、意识不清、昏迷等神经系统损害，往往会导致死亡。二甲苯的 1/100 TLV 值为 4340μg/m³，1/2 CRELs 值为 350μg/m³，因此将二甲苯的释放推荐值确定为 350μg/m³。

3.3.2　总醛类

醛类挥发物是人造板释放的主要挥发性有机化合物之一，其浓度对人体产生重要的影响。例如，己醛、庚醛、壬醛等物质会通过吸入、食入以及皮肤接触等进入人体，对人的眼睛、呼吸系统以及皮肤有较强的刺激作用，严重者会引起头疼、胸闷、呼吸困难等症状。通过实验发现人造板释放的醛类主要为壬醛、癸醛、己醛、苯甲醛等，且释放浓度都不高，但是由于醛类物质单体种类较多，醛类总浓度较高，醛类对人体的危害较大，因此总醛类的释放浓度是本标准重点限制的。参考 GREENGUARD 标准，本限量标准规定总醛类（从甲醛到癸醛的所有正醛以及苯甲醛）浓度，合格品不得高于 0.1ppm（ppm 为 10^{-6}），优等品不得高于 0.043ppm。ppm 与 mg/m^3 的换算公式为

$$质量浓度(mg/m^3) = [质量分数(ppm) \times 物质分子量]/24.40 \qquad (3-1)$$

总醛类的平均分子量见表 3-4。

表 3-4　总醛类的平均分子量

醛类	分子量
甲醛	30.03
乙醛	44.05
丙醛	58.08
丁醛	72.11
戊醛	86.13
己醛	100.16
庚醛	114.18
辛醛	128.22
壬醛	142.24
苯甲醛	106.12
总和	881.32
平均值	88.13

由式（3-1）以及表 3-4，得出 $0.1ppm = 0.1 \times 88.13/22.40 \approx 0.39mg/m^3 = 390\mu g/m^3$；$0.043ppm = 0.043 \times 88.13/22.40 \approx 0.17mg/m^3 = 170\mu g/m^3$。因此将总醛类的释放推荐值确定为：合格品 $390\mu g/m^3$，优等品 $170\mu g/m^3$。

3.3.3　其他 VOCs 单体

通过测试各种人造板的 VOCs 释放水平可知，人造板释放的主要挥发物是芳香烃类物质，其次是酯类物质。酯类物质单体释放浓度不高，只有高浓度的酯类化合物才会对人体产生一定影响。因此本限量标准只对芳香烃类单体浓度进行明

确限制。参考 GREENGUARD 标准，对 TLV 列表中的其他 VOCs 单体浓度限定：合格品≤0.1 TLV，优等品≤0.01 TLV。

3.3.4　TVOC

参考 GREENGUARD 标准，将合格品的 TVOC 释放推荐值确定为 500μg/m³，优等品的 TVOC 释放推荐值确定为 220μg/m³。

3.4　人造板 VOCs 释放对室内空气质量的影响

本节分别以初步探究的人造板 VOCs 释放推荐值、Bernd 制定的标准为限量浓度，评估人造板释放的 VOCs 对室内空气质量造成的影响。

3.4.1　评价方法

应用综合指数法评估人造板释放的 VOCs 对室内空气质量的影响。该指数模型采用污染物浓度与限量标准浓度的相对数值，由单因子指数有机组合而成，适应污染个数的增减，并且兼顾最大单因子指数和算数平均指数并突出最大单因子指数，能够准确客观地反映室内空气质量。

（1）分指数 A：

$$A = \frac{C_i}{S_i}$$

其中，C_i 代表各污染物浓度；S_i 代表污染物浓度限量值。

分指数 A 可以确定主要污染物，当 $A<1$，为达标，当 $A>1$，表示该类化合物造成室内空气污染，且 A 的数值越大，表示此类物质的污染越严重。

（2）最大分指数 P：

$$P = \max \left| \frac{C_1}{S_1}, \frac{C_2}{S_2}, \cdots, \frac{C_n}{S_n} \right|$$

其中，P 代表各污染分指数的最大值，即最大分指数；C_i 代表各污染物浓度；S_i 代表污染物浓度限量值。

（3）算数平均指数 Q：

$$Q = \frac{1}{n} \sum_{i=1}^{n} \frac{C_i}{S_i}$$

其中，Q 代表各污染物分指数的算数平均值，即算术平均指数；n 代表污染物种类。

（4）综合指数 I：

$$I = \sqrt{PQ}$$

其中，I 代表兼顾污染物最大分指数和算数平均指数的综合指数。

根据综合指数 I 将 VOCs 对室内空气质量的影响分为五级，见表 3-5。当综合指数在 0.49 及以下时，表示人造板对室内空气没有任何影响，环境清洁度最佳，适宜人类生活；当综合指数在 0.50～0.99 之间，空气质量为 II 级，未污染，人类生活正常；当综合指数在 1.00～1.49 之间，室内空气质量为 III 级，轻度污染，敏感者有发生急慢性中毒的危险；当综合指数在 1.50～1.99 之间，室内空气质量为 IV 级，中度污染，人群健康会明显受害，敏感者受害严重；如达到 2.00 可认为人造板释放的 VOCs 对室内环境造成重度污染，人群健康受害严重，敏感者有死亡的可能。

表 3-5　室内空气质量等级

综合指数	级别	评价	对人体健康的影响
≤0.49	I	清洁	适宜人类生活
0.50～0.99	II	未污染	人类生活正常
1.00～1.49	III	轻度污染	除了敏感者外，一般不会发生急慢性中毒
1.50～1.99	IV	中度污染	人群健康明显受害，敏感者受害严重
≥2.00	V	重度污染	人群健康受害严重，敏感者有死亡的可能

3.4.2　以初步制定的释放推荐值为限量浓度的评价结果

1. 人造板释放的主要污染物质评估

根据分指数公式评估人造板一个周期 28 天释放的主要污染物。丙烯酸水性漆涂饰刨花板的分指数见表 3-6。丙烯酸水性漆涂饰刨花板第 1 天释放的 VOCs 中，TVOC 的分指数大于 1，达到 1.16，超出 0.16 倍，说明 TVOC 的浓度超过了制定的限量浓度。单体物质中，萘的分指数最大，达到 0.93，说明板材第一天释放的萘的浓度接近限量值，需要重点关注。其他单体物质的分指数远远小于 1，这些物质的浓度远低于限量值，不会对空气质量造成污染。从第 3 天开始，各限量物质的分指数都小于 1，说明没有物质超标，其中分指数较高的为 TVOC、萘、联苯。

表 3-6　丙烯酸水性漆涂饰刨花板的分指数（本书推荐标准）

时间（天）	苯	甲苯	乙苯	联苯	萘	二甲苯	苯乙烯	醛类	TVOC	最大分指数 P	算数平均指数 Q
1	0.16	0.04	0	0.09	0.93	0	0	0.12	1.16	1.16	0.28
3	0.08	0	0	0.28	0.69	0	0	0.04	0.90	0.90	0.22
7	0.03	0	0	0.04	0.42	0.01	0	0.05	0.54	0.54	0.12
14	0.06	0	0	0	0.39	0	0	0.08	0.41	0.41	0.10
21	0.11	0	0	0.04	0.41	0	0	0.02	0.25	0.41	0.09
28	0.07	0	0	0.04	0.37	0	0	0.03	0.21	0.37	0.08

　　PVC 饰面胶合板的分指数见表 3-7。PVC 饰面胶合板第 1 天释放的 VOCs 中，分指数最大的为 TVOC，达到 1.12，超标 0.12 倍，说明 TVOC 的浓度超过了浓度限值，会造成室内空气污染。单体物质中萘和苯的分指数相对较高，分别为 0.91 和 0.63，特别是萘，分指数接近 1，说明在第 1 天萘的浓度接近限值。从第 3 天开始，所有限量物质的分指数都小于 1，没有物质浓度超标，其中分指数较大的为 TVOC、苯、联苯、萘。在第 28 天，所有限量物质的分指数都小于 0.5，释放浓度远低于限值，不会造成单体物质污染。

表 3-7　PVC 饰面胶合板的分指数（本书推荐标准）

时间（天）	苯	甲苯	乙苯	联苯	萘	二甲苯	苯乙烯	醛类	TVOC	最大分指数 P	算数平均指数 Q
1	0.63	0.24	0.01	0.36	0.91	0	0	0.14	1.12	1.12	0.38
3	0.66	0.09	0	0.53	0.65	0	0	0.07	0.82	0.82	0.32
7	0.51	0.05	0	0.43	0.45	0	0.01	0.06	0.63	0.63	0.24
14	0.39	0.03	0	0.38	0.42	0	0	0.04	0.49	0.49	0.2
21	0.09	0	0	0.46	0.34	0	0	0.05	0.55	0.55	0.17
28	0.10	0	0	0.42	0.37	0	0	0.05	0.45	0.45	0.15

　　三聚氰胺浸渍胶膜纸饰面中密度纤维板的分指数见表 3-8。一个周期内限量物质的分指数都小于 1，没有 VOCs 单体超标，其中分指数最大的为 TVOC，其最大值出现在第 1 天，达到 0.98，说明其释放浓度接近限值，从第 21 天开始，TVOC 的分指数小于 0.5，低于浓度限值的一半，不会对室内空气质量造成污染。单体物

质中，联苯的分指数最大，其最大值出现在第 14 天，为 0.36，说明其释放浓度远低于限值，不会造成污染。

表 3-8　三聚氰胺浸渍胶膜纸饰面中密度纤维板的分指数（本书推荐标准）

时间（天）	苯	甲苯	乙苯	联苯	萘	二甲苯	苯乙烯	醛类	TVOC	最大分指数 P	算数平均指数 Q
1	0.08	0.04	0.02	0.30	0	0	0	0.06	0.98	0.98	0.16
3	0	0.02	0.01	0.28	0	0	0	0.03	0.76	0.76	0.12
7	0.08	0.02	0.01	0.27	0	0.02	0	0.02	0.61	0.61	0.11
14	0.06	0.01	0.01	0.36	0	0	0	0.02	0.56	0.56	0.11
21	0.05	0.01	0	0.26	0	0.01	0	0.02	0.39	0.39	0.08
28	0.05	0.01	0	0.30	0	0	0	0.03	0.35	0.35	0.08

2. 人造板 VOCs 释放对室内环境影响综合评价

分指数可以评估 VOCs 单体的超标情况，综合指数兼顾了最大分指数和算数平均指数，能够科学客观地反映室内空气的整体质量。根据表 3-6、表 3-7、表 3-8，计算出三种人造板一个周期的综合指数，见图 3-1。

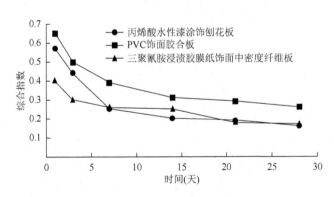

图 3-1　人造板综合指数变化曲线（本书推荐标准）

由图 3-1 发现，人造板的综合指数随着时间逐渐降低，前 7 天下降比较明显，到第 21 天达到稳定。三种人造板中 PVC 饰面胶合板的综合指数最大，其次为丙烯酸水性漆涂饰刨花板，最低的为三聚氰胺浸渍胶膜纸饰面中密度纤维板。前 3 天，PVC 饰面胶合板的综合指数大于 0.5 且小于 1，室内空气质量达到 II 级（表 3-5），未污染，人类生活正常。从第 7 天开始，随着 VOCs 的逐渐释放并且排出，综合指数逐渐降低到小于 0.5，室内空气质量逐渐变优，达到Ⅰ级，适宜人类生活。丙烯酸水性漆涂饰刨花板的综合指数在第 1 天大于 0.5，室内空气质量为Ⅱ级，从第 3 天开始，综合指数小于 0.5，室内空气质量提高，达到Ⅰ级。三聚氰胺浸渍胶膜纸饰面中密度纤维板的综合指数一直小于 0.5，说明其对室内空气质量的影响最小。

3.4.3　以 Bernd 制定的标准为限量浓度的评价结果

Bernd 于二十世纪九十年代提出了室内空气中各类 VOCs 浓度指导限值，规定芳香烃化合物、醛酮类化合物（不包括甲醛）、烷烃类化合物、酯类化合物、烯烃类化合物以及总挥发性有机化合物（TVOC）的质量浓度限量值分别为 $50\mu g/m^3$、$20\mu g/m^3$、$100\mu g/m^3$、$20\mu g/m^3$、$30\mu g/m^3$、$300\mu g/m^3$。

1. 人造板释放的主要污染物质评估

表 3-9 为丙烯酸水性漆涂饰刨花板的分指数。第 1 天醛酮类、酯类物质的分指数大于 1，分别为 1.23 和 1.56，说明酯类物质和醛酮类物质的浓度大于限值，浓度超标，酯类物质和醛酮类物质是主要的室内污染物。第 3 天分指数最高的是酯类物质，达到 1.68，超标 0.68 倍。从第 7 天开始，所有的限量化合物的分指数都小于 1，说明没有化合物浓度超标。

表 3-9　丙烯酸水性漆涂饰刨花板的分指数（Bernd 制定的标准）

时间（天）	烷烃类	芳香烃类	醛酮类	酯类	烯烃类	TVOC	最大分指数 P	算数平均指数 Q	综合指数 I
1	0.07	0.53	1.23	1.56	0.14	0.85	1.56	0.73	1.07
3	0.12	0.42	0.45	1.68	0.17	0.66	1.68	0.58	0.99
7	0.14	0.27	0.53	0.99	0.12	0.40	0.99	0.41	0.64
14	0.07	0.24	0.72	0.73	0.10	0.30	0.73	0.36	0.51
21	0.05	0.27	0.29	0.35	0.07	0.35	0.35	0.2	0.26
28	0.02	0.21	0.25	0.34	0.08	0.15	0.34	0.18	0.25

PVC 饰面胶合板的分指数如表 3-10 所示。第 1 天有 4 类 VOCs 分指数大于 1，分别为芳香烃类（1.80）、醛酮类（1.26）、酯类（1.58）、烯烃类（1.37），说明这四类物质的释放浓度大于限值，浓度超标，是造成室内空气污染的主要污染物。第 3 天芳香烃类物质的分指数最大，达到 1.42，浓度超标 0.42 倍，其次是酯类物

质，浓度超标 0.24 倍，其他限量化合物的释放浓度都低于限值。从第 14 天开始，这 6 类限量物质的分指数都小于 1，浓度都低于限值。

表 3-10　PVC 饰面胶合板的分指数（Bernd 制定的标准）

时间（天）	烷烃类	芳香烃类	醛酮类	酯类	烯烃类	TVOC	最大分指数 P	算数平均指数 Q	综合指数 I
1	0.16	1.80	1.26	1.58	1.37	0.82	1.80	1.17	1.45
3	0.07	1.42	0.62	1.24	0.91	0.60	1.42	0.81	1.07
7	0.01	1.10	0.50	0.77	0.84	0.46	1.10	0.61	0.82
14	0.03	0.83	0.22	0.73	0.70	0.36	0.83	0.48	0.63
21	0.04	0.65	0.46	0.77	0.64	0.41	0.77	0.50	0.62
28	0.02	0.62	0.43	0.57	0.60	0.33	0.62	0.43	0.52

三聚氰胺浸渍胶膜纸饰面中密度纤维板的分指数如表 3-11 所示。第 1 天分指数最大的是酯类物质，达到 2.53，超标 1.53 倍；其次是芳香烃类物质，分指数为 1.51，浓度超标 0.51 倍，是中密度纤维板释放的主要污染物。第 21 天之前，芳香烃类物质和酯类物质的分指数都大于 1，其浓度大于限值，是造成室内空气污染的主要化合物。从第 21 天开始，六种限量化合物的分指数都小于 1，释放浓度小于限值，没有单体物质污染。

表 3-11　三聚氰胺浸渍胶膜纸饰面中密度纤维板的分指数（Bernd 制定的标准）

时间（天）	烷烃类	芳香烃类	醛酮类	酯类	烯烃类	TVOC	最大分指数 P	算数平均指数 Q	综合指数 I
1	0.07	1.51	0.67	2.53	0.55	0.72	2.53	1.01	1.60
3	0.07	1.07	0.46	2.19	0.59	0.56	2.19	0.82	1.34
7	0.03	1.25	0.32	1.17	0.49	0.44	1.25	0.62	0.88
14	0.04	1.08	0.26	1.09	0.50	0.41	1.09	0.56	0.78
21	0.04	0.87	0.20	0.70	0.38	0.31	0.87	0.42	0.60
28	0.03	0.82	0.26	0.71	0.37	0.29	0.82	0.41	0.58

2. 人造板 VOCs 释放对室内环境影响综合评价

根据表 3-9、表 3-10、表 3-11，计算出三种人造板一个周期的综合指数，见图 3-2。

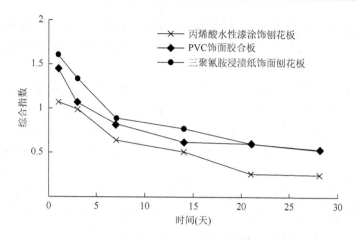

图 3-2　人造板综合指数变化曲线（Bernd 制定的标准）

综合指数反映人造板释放的 VOCs 对室内空气质量的整体影响。由图 3-2 得到，三种人造板对室内空气质量影响最大的是三聚氰胺浸渍胶膜纸饰面中密度纤维板，其次是 PVC 饰面胶合板。人造板的综合指数整体上呈现下降的趋势，前 7 天，下降较快，从第 21 天开始，基本达到稳定。前 3 天，三种板材的综合指数基本上大于 1，空气质量为Ⅲ级，轻度污染，从第 7 天开始，三种人造板的综合指数都小于 1，空气质量上升到Ⅱ级，未污染，到第 21 天，空气质量达到最佳，人造板释放的 VOCs 对空气质量的影响达到最小。三聚氰胺浸渍胶膜纸饰面中密度纤维板的综合指数在第 1 天最大，为 1.60，主要是由酯类物质和芳香烃类物质严重超标引起的。PVC 饰面胶合板的综合指数在第一天最大，达到 1.45，主要是由于芳香烃类、酯类等物质释放浓度达到限值。由此可见，单一物质浓度超标会严重影响整体的空气质量，在进行空气质量治理时，要重点控制主要污染物质的浓度。

3.4.4　两种评价结果的相关性

以两种不同的标准为限量浓度评估人造板 VOCs 释放对室内空气质量的影响，评价结果具有很多相似性。首先，人造板分指数的最大值都出现在释放前期，如 TVOC 的最大值出现在第 1 天，萘的最大值出现在前三天，芳香烃类物质、酯类物质的最大值出现在释放初期。这说明 VOCs 单体在释放初期对室内空气影响较大，芳香烃类物质、酯类物质等在释放初期浓度超标，这也直接导致了在释放初期评价结果较差，室内空气污染。其次，根据两种限量计算得到的综合指数的变化趋势相同，都随着时间延长逐渐降低，最后达到稳定。最后，第 28 天稳定状态下，人造板的综合指数几乎都小于 0.5，人造板释放的 VOCs 对室内环境的影响最小，室内空气质量达到无污染的等级。两种评价结果之间的共性说明初步制定的人造板 VOCs 释放推荐值具有可行性，同时根据评价结果建议人造板从出厂到使用至少陈放 28 天。

图 3-3 直观表现了两种评价结果之间的相关性。图中的限量浓度Ⅰ为初步制定的 VOCs 释放推荐值，限量浓度Ⅱ为 Bernd 制定的标准。分别用两种不同的限量浓度计算刨花板在第 1 天、3 天、7 天、14 天、21 天、28 天的综合指数，得到 6 组数据。用 6 组数据拟合得到直线 $y = 2.2761x + 0.0965$，拟合度 $R^2 = 0.9467$，如图 3-3（a）所示。由此可见，以制定的推荐值为限量浓度计算得到的综合指数与以 Bernd 制定的标准为限量浓度计算得到的综合指数线性相关。同样，分别以两种不同的标准为限量浓度计算得到 PVC 饰面胶合板、三聚氰胺浸渍胶膜纸饰面中密度纤维板综合指数的相关性，如图 3-3（b）、（c）所示。由于人造板具有不均一性，不同的生产参数、不同的基材、不同的部位都会影响 VOCs 的释放，很难用统一的线性方程表示评价结果之间的数量关系。但是通过对最大分指数、综合指数等评价指标的分析，发现人造板 VOCs 对室内空气质量的影响是一个逐渐衰减的过程，板材被应用到室内前进行合理陈放是降低人造板对室内环境的影响，提高室内空气质量的有效方法，陈放周期至少为 28 天。

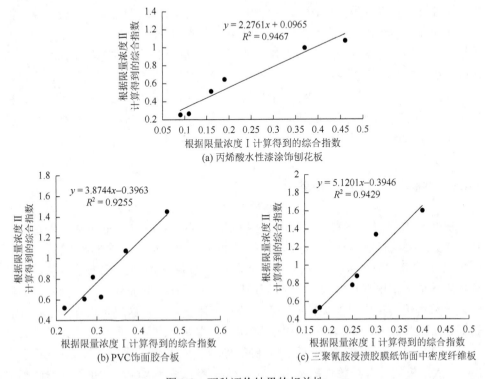

图 3-3   两种评价结果的相关性

3.5　本 章 小 结

（1）根据对国内外现有的释放推荐值标准以及标签的分析，参考美国 GREENGUARD 标准，根据职业接触限值（TLV）、慢性参考暴露水平（CRELs），初步探究适合我国国情的人造板 VOCs 释放推荐值。该限量标准分为合格品和优等品两个等级，合格品主要针对一般人群，优等品主要针对老人、儿童等免疫力相对较低、对室内空气质量要求较高的人群。该限量标准限定了苯、甲苯、乙苯、二甲苯、苯乙烯、联苯、萘等七种 VOCs 单体在第 28 天稳定状态下保证人体健康的限量释放浓度，同时也对 TVOC、总醛类以及其他 VOCs 单体的浓度进行了限制。本标准规定人造板特定 VOCs 单体（7 种）的释放浓度不得高于 TLV 的 1/100，也不得高于 CRELs 值的一半。

（2）根据初步制定的人造板 VOCs 释放推荐值，采用综合指数法评价不同人造板对室内空气质量的影响，结果表明人造板的综合指数随着时间逐渐降低，前 7 天下降比较明显，到第 21 天达到稳定。三种人造板的综合指数都小于 1，室内空气质量都达到未污染的等级。三聚氰胺浸渍胶膜纸饰面中密度纤维板的综合指数一直小于 0.5，其释放的 VOCs 对室内空气质量的影响最小。

（3）以 Bernd 制定的标准为限量浓度，采用综合指数法评价不同种类人造板对室内空气质量的影响，结果表明，前 3 天三种板材的综合指数都大于 1，空气质量为Ⅲ级，轻度污染，从第 7 天开始，三种人造板的综合指数都小于 1，空气质量上升到Ⅱ级，未污染，到第 21 天，空气质量达到最佳，人造板释放的 VOCs 对空气质量的影响达到最小。初始阶段，三聚氰胺浸渍胶膜纸饰面中密度纤维板释放的挥发物中，酯类物质和芳香烃类物质浓度超标严重；PVC 饰面胶合板释放的 VOCs 中，芳香烃类、酯类等物质的浓度超标严重；丙烯酸水性漆涂饰刨花板释放的 VOCs 中醛酮类和酯类物质浓度超标。建议板材从出厂到使用至少陈放 28 天，同时重点关注芳香烃类、酯类物质的浓度。

（4）通过比较以两种不同标准为限量浓度的评价结果，发现两者综合指数线性相关，说明初步制定的人造板 VOCs 释放推荐值具有可行性。

参 考 文 献

李凡修，梅平，陈武. 2003. 相似率法在室内空气品质评价中的应用[J]. 数理医药学杂志，（5）：461-462.

李刚，李娟，陈晓倩. 2016. 重庆办公楼室内空气品质现状及灰色关联分析[J]. 建筑热能通风空调，35（12）：29-32，7.

刘守帅，张伟捷，廖坚卫. 2012. 室内空气质量的检测与评价方法[J]. 福建建材，（7）：22-25.

舒爱霞，李孜军，邓艳星，等. 2010. 综合指数评价法在室内空气品质评价中的应用[J]. 化工装备技术，31（2）：60-62.

孙峻，高炎炎，柯崇宜，等. 1999. 污染损失率法在污水水质综合评价中的应用[J]. 青岛大学学报（工程技术版），
　　（3）：58-59，63.

袁丽丽，李孜军，阳富强，等. 2007. 污染损失率法在室内空气品质评价中的应用[J]. 安全与环境工程，（3）：11-14.

赵杨，沈隽，赵桂玲. 2015. 胶合板 VOC 释放率测量及其对室内环境影响评价[J]. 安全与环境学报，15（1）：
　　316-319.

ATSDR. 1992. Toxicological Profile for Styrene[S]: NO.205-1999- 00024 Atlanta: U.S. Department of Health and Human
　　Services，Public Health Service.

ATSDR. 1995. Toxicological Profile for Xylenes（Update）[S]: 1995-639-298. Atlanta：ATSDR. U.S. Printing Office.

Byrne A，Kirby B，Zibin T，et al. 1991. Psychiatric and neurological effects of chronic solvent abuse[J]. Canadian Journal
　　of Psychiatry，36（10）：735-738.

Caldemeyer K S，Armstrong S W，George K K，et al. 1996. The spectrum of neuroimaging abnormalities in solvent abuse
　　and their clinical correlation[J]. Journal of Neuroimaging，6（3）：167-173.

DeGowin R L. 1963. Benzene exposure and aplastic anemia followed by leukemia 15 years later[J]. Journal of the
　　American Medical Association，185（10）：748-751.

Filley C M，Heaton R K，Rosenberg N L. 1990. White matter dementia in chronic toluene abuse[J]. Neurology，40：
　　532-234.

Hazardous Substances Data Bank（HSDB）. 1999. National Library of Medicine，Bethesda，MD（Internet version）.
　　[2019-08-01]. http://www.oehha.ca.gov/air/chronic_rels/AllChrels.html.

Kipen H M，Cody R P，Crump K S，et al. 1988. Hematologic effects of benzene: A thirty-five year longitudinal study of
　　rubber workers[J]. Toxicology and Industrial Health，4（4）：411-430.

Rosenberg N L，Kleinschmidt-DeMasters B K，Davis K A，et al. 1988. Toluene abuse causes diffuse central nervous
　　system white matter changes[J]. Annals of Neurology，23（6）：611-614.

Sedivec V，Flek J. 1976. The absorption，metabolism，and excretion of xylenes in man[J]. International Archives of
　　Occupational and Environmental Health，37：205-217.

Sidheswaran M A，Destaillats H，Sullivan D P，et al. 2012. Energy efficient indoor VOC air cleaning with activated carbon
　　fiber（ACF）filters[J]. Building and Environment，47：357-367.

Siegel E，Wason S. 1986. Mothball toxicity[J]. Pediatric Clinics of North America，33（2）：369-374.

Stewart，R D，Dodd H C，Baretta E D，et al. 1968. Human exposure to styrene vapor[J]. Archives of Environmental
　　Health，16（5）：656-662.

U. S. EPA. 1990. U.S. Drinking Water Health Advisories for 15 Volatile Organic Chemicals[S]：U. S. EPA/ODW. NTIS
　　No. PB90-259821.

Uchida Y，Nakatsuka H，Ukai H，et al. 1993. Symptoms and signs in workers exposed predominantly to xylenes[J].
　　International Archives of Occupational and Environmental Health，64（8）：597-605.

Wolf O. 1978. Cancer of the larynx in naphthalene cleaner[J]. Zeitschrift Für Die Gesamte Hygiene Undihre，24（10）：
　　737-739.

第4章　装载率对饰面人造板 VOCs 释放浓度的影响

20 世纪 70 年代以前，有关民居和非商业工作环境空气质量的研究报道还极为少见，人们对室内空气质量的关注度也不高。即便在今天，大多数公众仍然认为室外空气污染的危害远大于室内空气污染的危害。然而，美国的居民调查数据显示：人们在室内停留的时间、用于开车的时间和消磨于室外的时间分别约占总花费时间的 88%、7%和 5%，这表明室内空气质量对人体健康的影响作用远大于室外空气质量。

近几十年为了提高能源效率，民用建筑的设计、结构和管理方式均发生了较大的变化，使得现代民居和办公室的气密性大大提高，室内换气通风率由旧式民居的 1 次/h 降低至 0.2~0.3 次/h，甚至更低。这一改变虽然使人们感觉更加舒适，但带来了室内空气流通不足的弊端，从而造成了室内建筑装修材料所释放的有机物浓度过于集中，导致室内空气污染程度比室外大气污染还要严重。在夜晚的卧室和密闭的办公室环境，由于环境的换气通风率低至接近 0 次/h 左右，密闭性更好，室内空气的污染更为严重，对人体造成的危害也更大。

4.1　开放和密闭条件下装载率分析方法

4.1.1　实验材料的选择

本实验以索菲亚公司生产的 E1 级饰面刨花板和中密度纤维板为实验材料，初含水率为 8.5%~10.5%，板材的厚度为 8mm 和 18mm，试件尺寸为 150mm×50mm 和 150mm×75mm。装载率条件分别为 $1m^2/m^3$、$1.5m^2/m^3$、$2m^2/m^3$、$2.5m^2/m^3$，采用 15L 小型环境舱和气相质谱-色谱（GC-MS）联用仪，对开放条件和密闭条件下 PVC 饰面板、三聚氰胺饰面板、水性漆饰面板以及刨花板和中密度纤维板素板所释放的 VOCs 浓度进行测定，分析不同饰面条件下的刨花板和中密度纤维板 VOCs 浓度随板材陈放时间的变化趋势；并探究随装载率的变化，各个板材 VOCs 浓度的变化规律。

试件双面暴露面积：装载率为 $1m^2/m^3$ 时，试件双面暴露面积为 $0.0150m^2$；装载率为 $1.5m^2/m^3$ 时，试件双面暴露面积为 $0.0225m^2$；装载率为 $2m^2/m^3$ 时，试件双面暴露面积为 $0.0300m^2$；装载率为 $2.5m^2/m^3$ 时，试件双面暴露面积为 $0.0375m^2$。

封边材料：封边铝制胶带。

采集用材：Tenax 管，由 Markes 公司生产。

循环气体和保护气体：纯度高达 99.99% 的氮气（N$_2$）和氦气（He），生产厂家为哈尔滨黎明气体有限公司。

内标氘代甲苯（toluene-D8）配成的浓度为 200ng/μL 的标准液。

凡士林：用于密封玻璃干燥器。

肥皂水：用于检漏。

贴面材料：水曲柳刨切薄木，厚度为 0.25mm。

胶黏剂：黑龙江省林业科学院生产的脲醛树脂胶黏剂。

乳白胶：哈尔滨绿时代胶业股份有限公司生产。

涂饰材料：彩色通用水性漆，上海霞丽装饰材料有限公司。

烧杯、玻璃棒、刷子和砂纸等。

4.1.2　分析方法

1. 开放条件下实验方法

1）饰面板贴面和涂饰处理

实验所用的板材为同一批板材，将尺寸为 1200mm×1200mm×8mm/18mm 的刨花板和中密度纤维板裁成需要的两种尺寸，分别用铝制胶带封住边部，用密封袋真空密封，做好编号，放于 –30℃ 的冰箱中保存备用。

水性漆饰面刨花板和中密度纤维板在涂饰之前需要进行热压，薄木贴面时采用配胶比为 60∶40，即脲醛树脂胶黏剂和乳白胶的质量比为 60∶40，施胶量为 100g/m^2。热压机开机后调整上下压板温度为 100℃，压力为 5MPa，热压时间为 3min。热压幅面为 400mm×400mm。

贴面后晾至室温，检查有无鼓泡、开裂现象。齐边并且用 200 目的砂纸打磨板材表面，然后用毛刷刷去板材表面的浮尘。先涂饰一道水性漆底漆，漆膜要求薄且均匀，待漆膜干后用砂纸轻轻打磨表面并且刷去浮尘，涂饰一道水性漆面漆，漆膜干后继续打磨涂饰最后一道面漆。所有饰面实验板材准备好后真空密封冷藏备用。

实验前先解冻，使试件恢复到室温，同时打开空调、氮气、风扇以及温、湿度显示器使环境舱内条件达到温度（23.5±1）℃、相对湿度 50%±5%，调节流量计使氮气循环速率为 250mL/min。用无水乙醇和蒸馏水擦拭环境舱内壁，用肥皂水检查各管道连接处是否漏气，待氮气充满环境舱并循环 10min 后将试件按顺序放入 15L 环境舱中平衡循环 3.5~5h。

2）VOCs 的采集

将老化仪和连接老化仪的氮气打开，使得温度上升至 335℃、氮气压力达到 0.1MPa。

将 Tenax 管逆气流方向安装，老化 30min，之后晾在隔板上至恢复室温，取下 Tenax 管。

将 Tenax 管用硅胶管连接在 15L 玻璃环境舱与微型真空泵之间，调整微型真空泵定时 12min、采集时气体流速为 250mL/min，因此 Tenax 吸附管里吸附的是气体含量为 $V_1 = 3000\text{mL}$ 的 VOCs。采集完成后将 Tenax 管两端安上配套的螺帽以保证样本不被污染。气体采集完成后，将管子放入冰箱冷藏等待分析测定。

按照此种方法，分别采集三聚氰胺饰面板、PVC 饰面板、水性漆饰面板和素板在四种装载率（$1\text{m}^2/\text{m}^3$、$1.5\text{m}^2/\text{m}^3$、$2\text{m}^2/\text{m}^3$ 和 $2.5\text{m}^2/\text{m}^3$）条件下在一个释放周期所释放的气体，作为本实验的数据。实际气体采集中会采集两次，其中一个作为备份。

3）VOCs 的分析测定

以 C_7D_8（氘代甲苯）为溶质，甲醇为溶剂配备浓度为 50ng/μL、100ng/μL、200ng/μL、500ng/μL 和 1000ng/μL 的溶液。取 15 根 Tenax 吸附管，每种浓度的溶液做三根管，依次用手动进样针将标准溶液打入管内，打开氮气预吹扫 5min。并且按顺序依次放入自动进样器。根据由测得的峰面积所得到的标准曲线，得到样品中的内标物的精确值。

取出冷藏的 Tenax 吸附管，待恢复到室温，用注射器向吸附管注入 2μL 的内标物氘代甲苯溶液，然后将 Tenax 吸附管安装到热解析进样器上，吹扫 5min，按照顺序摆放在自动进样器的托盘上吹扫进样，最后经过 GC-MS 对吹扫进入的 VOCs 进行定性定量分析，可以得到各个物质的波峰图和样品的总离子流图，从而确定各种刨花板和中密度纤维板板材释放的 VOCs 的种类和含量。

2. 密闭条件下实验方法

1）饰面材料准备

将开放条件下达到释放平衡的实验板材放入冰箱冷藏备用。初步确定密闭时间为 2h，4h，6h，8h，10h，12h，18h，24h 以及 30h。

2）吸附管准备

采用老化仪对吸附管进行老化。

3）清洗 15L 小型环境舱

用无水乙醇擦拭玻璃干燥器内壁，擦洗完毕后，使玻璃干燥器处于敞开状态，随后打开风扇和门窗以及温、湿度计，晾置一定时间。干燥器的瓶口用凡士林均匀涂抹，防止收集气体泄漏。

4）控制 15L 小型环境舱相对湿度

氮气总流速控制在 250mL/min 左右，相对湿度控制在 50%左右，温度控制在 23.5℃左右。

5）试件解冻

从冰箱内拿出当日需采样的试件，拆开塑料袋，放置 30min 解冻。

6）试件密闭

在试件完全解冻及玻璃干燥器保持一定温、湿度后，将对应实验板材放入 15L 小型环境舱，关闭氮气。

7）气体的采集

使用 Tenax 吸附管采集板材释放的气体。采集时间一般控制在 12min，采集量为 3L，控制气体流速为 250mL/min。采集饰面刨花板板材和对照组即刨花板素板在密闭时间分别为 2h，4h，6h，8h，10h，12h，18h，24h，30h 所释放的气体，作为本实验的数据。

8）对比分析

实验数据经过筛选、计算后可得到 VOCs 中挥发性有机物的种类和含量。将素板的实验结果与其他饰面刨花板比较，分析其原因。

4.2　装载率对饰面刨花板的影响

4.2.1　开放条件下装载率对饰面刨花板 VOCs 浓度的影响

1. 开放条件下装载率对 8mm 饰面刨花板 VOCs 浓度的影响

根据图 4-1 可以看出，本实验中，在开放条件下（温度为（23±1）℃，相对湿度为 50%±5%，空气交换率为 1 次/h），8mm 饰面刨花板均呈现随陈放时间的延长，VOCs 的释放量逐渐降低的趋势，最终达到平衡。一般来说，板材在陈放的前 3 天，VOCs 浓度呈现快速下降的趋势，为快速释放期；第 3 天到第 14 天，释放的速度逐步放缓，为平稳释放；14 天之后，VOCs 的释放速率变得更加缓慢，降至 1%以下；21 天后开始出现增长趋势，达到释放平衡。四种饰面材料中，水性漆饰面刨花板初始释放浓度最高，装载率为 $1m^2/m^3$、$1.5m^2/m^3$、$2m^2/m^3$ 和 $2.5m^2/m^3$ 时，VOCs 初始浓度分别为 $281\mu g/m^3$、$327\mu g/m^3$、$408\mu g/m^3$ 和 $434\mu g/m^3$，均高于其他饰面板材。一方面，在快速释放期，水性漆饰面刨花板的 VOCs 浓度衰减速率明显大于其他饰面刨花板，水性漆饰面刨花板 VOCs 的衰减速率在 18.5%～19.9%之间，PVC 饰面刨花板、三聚氰胺饰面刨花板和刨花板素板在快速释放期的 VOCs 衰减速率分别在 11.8%～17.3%、10.8%～16.3%和 9.6%～14.5%

之间；另一方面，在平稳释放期，水性漆饰面刨花板 VOCs 的衰减速率也明显高于其他三种饰面刨花板，达到释放平衡时水性漆饰面刨花板 VOCs 的释放量高于 PVC 饰面刨花板和三聚氰胺饰面刨花板，低于刨花板素板。造成这一现象的原因应该是水性漆饰面刨花板释放的 VOCs 主要来源于刨花板表面的水性漆涂料，涂料中的 VOCs 会以较快的速度从板材表面释放出去，而水性漆涂料又会形成较为封闭的保护膜，阻碍板材内部 VOCs 的释放。实验采用的水性涂料不含有游离甲苯二异氰酸酯（TDI，毒性很强）、甲醛和重金属等有害物质，配方中的主要成分有水性丙烯酸聚氨酯分散体、润湿流平剂、消泡剂、防霉剂和杀菌剂等。研究表明，一般情况下，涂饰油漆后的 10h 内，其中的 VOCs 可释放出 90%，溶剂中的 TVOC 会释放 25%左右，物质挥发释放的难易程度不同，随着时间的延长，低沸点的物质容易挥发出去，高沸点的物质挥发时间较长，这也说明了水性漆饰面刨花板初始浓度高、释放速率快的原因。

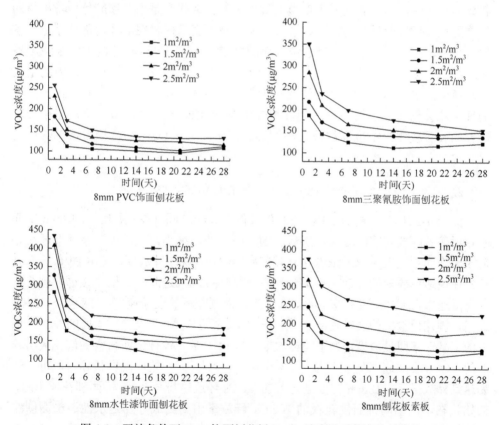

图 4-1　开放条件下 8mm 饰面刨花板 VOCs 浓度随时间变化的曲线

四种饰面刨花板中，VOCs 初始浓度最高的是水性漆饰面刨花板，其次是刨花板素板，再次是三聚氰胺饰面刨花板，最低的是 PVC 饰面刨花板。从释放速率上看，刨花板素板 VOCs 释放速率最为平缓，水性漆饰面刨花板的释放速率明显高于其他饰面板材，三聚氰胺饰面刨花板的 VOCs 释放速率略高于 PVC 饰面刨花板。达到释放平衡后，PVC 饰面刨花板的 VOCs 浓度最低，其次是三聚氰胺饰面刨花板，再次是水性漆饰面刨花板，浓度最高的是刨花板素板。这说明 PVC 饰面材料对刨花板板材内部的 VOCs 的释放具有非常好的阻挡作用；三聚氰胺浸渍纸饰面材料则次之；水性漆涂料对板材内部 VOCs 释放的阻挡作用也较好，但是水性漆涂料中含有较多的 VOCs，释放初期对环境污染严重，环保性能不佳；而刨花板素板由于表面没有任何饰面材料，板材内部的 VOCs 会在除刨花板表层的热压层外没有较强阻挡的条件下平稳释放，污染较为严重。

从 8mm 饰面刨花板 VOCs 浓度随装载率变化的趋势中可以看出，各种饰面材料的刨花板 VOCs 浓度均随着装载率的增加而增加，饰面刨花板 VOCs 浓度与装载率为正相关，但两者之间无明显的线性关系。装载率是指环境舱体内部板材的暴露面积与环境舱体积的比值，装载率的值越大表示板材在舱体内部的暴露面积也就越大，舱体内 VOCs 的释放源也会随之增大，从而导致舱体内 VOCs 浓度增大。根据传质理论，由于环境舱内部 VOCs 的增加会降低板材和舱体内的空气流动相的边界层浓度梯度，而浓度梯度越小，VOCs 由板材通过边界层进入空气的速率就会越慢，从而可以达到抑制板材内 VOCs 释放的作用。这与王敬贤等研究的胶合板和中密度纤维板在不同装载率条件下 VOCs 在环境舱内的浓度结果一致。

2. 开放条件下装载率对 18mm 饰面刨花板 VOCs 浓度的影响

如图 4-2 所示，本实验中，与开放条件下 8mm 饰面刨花板相同，18mm 饰面刨花板随着陈放时间的延长，所释放的 VOCs 浓度减小，且减少速率逐渐放缓。前 3 天饰面刨花板 VOCs 浓度的衰减速率最快，为快速释放期，其中 PVC 饰面刨花板在快速释放期的 VOCs 衰减速率在 8.8%～17.7%之间，三聚氰胺饰面刨花板的衰减速率在 8.1%～15.8%之间，水性漆饰面刨花板的衰减速率在 18.9%～23.8%之间，刨花板素板的衰减速率在 7.5%～9.4%之间。第 3 天至第 14 天的 VOCs 释放的衰减速率明显放缓，为平稳释放期。第 14 天后，各种饰面材料的刨花板所释放的 VOCs 衰减速率基本上都在 1%以下；第 21 天后开始出现增长趋势，可以认为达到释放平衡。18mm 饰面刨花板的 VOCs 释放趋势与 8mm 饰面刨花板相同，初始状态下，不同饰面刨花板的 VOCs 释放量由高到低分别是水性漆饰面刨花板＞刨花板素板＞三聚氰胺饰面刨花板＞PVC 饰面刨花板；平衡状态下，VOCs 浓度状况是刨花板素板＞水性漆饰面刨花板＞三聚氰胺饰面刨花板＞PVC 饰面刨花板。两种厚度的饰面刨花板 VOCs 浓度随装载率的变化趋势也相同，都随着装载率的增加而增加，但是装载率与饰面刨花板 VOCs 浓度之间没有明显的线性关系。

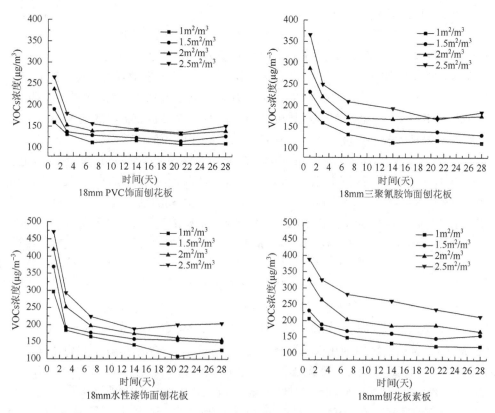

图 4-2　开放条件下 18mm 饰面刨花板 VOCs 浓度随时间变化的曲线

　　两种厚度的饰面刨花板相比，18mm 厚度的饰面刨花板 VOCs 释放量总体上高于 8mm 厚度的饰面刨花板，这是因为厚度大的饰面刨花板在制作的过程中会加入更多的木质纤维素碎料和胶黏剂，胶黏剂是刨花板所释放的 VOCs 的主要来源之一，这造成了 18mm 刨花板的 VOCs 浓度高于 8mm 刨花板。类成帅等研究了市面上多种阻燃胶合板 VOCs 浓度随厚度变化的规律，同样发现了同种品牌阻燃杨木胶合板随厚度增加 VOCs 释放量增加的趋势，与本实验结果相同。

4.2.2　密闭条件下装载率对饰面刨花板 VOCs 浓度的影响

　　由图 4-3 和图 4-4 可以看出，本实验中，不同装载率下两种厚度各种饰面的刨花板 VOCs 释放量呈先快速上升后逐渐平衡的趋势。在 2~18h 的时间段内，

VOCs 释放速率逐渐降低，释放曲线逐渐趋于缓和。2～4h，8mm 和 18mm PVC 饰面刨花板的 VOCs 浓度的增长速率分别在 23.9%～29.2% 和 11.2%～18.5% 之间，是 VOCs 浓度增长速率最快的阶段；4～6h，其增长速率分别在 3.7%～7.8% 和 5%～7.3% 之间，6～8h 则降至 2.5%～4.9% 和 3.3%～4.4% 之间，VOCs 较为均匀地从板材内释放出来，且 VOCs 的增长速率逐步降低；8～12h 从两种厚度的 PVC 饰面刨花板释放出的 VOCs 浓度的增长速率均降至 1% 左右，释放较为缓慢；12h 之后其增长速率基本上都低于 1%，18h 后甚至出现了增长趋势，说明环境舱内逐步达到了释放平衡。随着饰面刨花板厚度的增加，PVC 饰面刨花板释放的 VOCs 的浓度增加，但是增长的幅度不大，不存在倍数关系。以达到释放平衡的 18h 为例，装载率为 1m²/m³、1.5m²/m³、2m²/m³ 和 2.5m²/m³ 的条件下，8mm 和 18mm 的饰面刨花板的 VOCs 浓度分别为 518μg/m³、542μg/m³、566μg/m³、602μg/m³ 和 529μg/m³、559μg/m³、586μg/m³、621μg/m³。以 18mm 饰面刨花板为例，根据图 4-1，气体交换率为 1.0m³/(h·m²) 时的 VOCs 平衡浓度与图 4-3 和图 4-4 密闭条件下的数值相差很大。装载率为 1m²/m³ 时，前者 PVC 饰面刨花板 VOCs 平衡浓度为 110μg/m³，后者则为 524μg/m³。比较图 4-1 的其他数据，密闭条件下，释放平衡的饰面刨花板 VOCs 浓度是气体交换率为 1.0m³/(h·m²) 时浓度的 4 倍左右，说明充足空气流通对于控制室内污染物浓度具有十分重要的作用。

三聚氰胺饰面刨花板在 2～4h 的时间段内，VOCs 释放较为迅速，8mm 和 18mm 的三聚氰胺饰面刨花板在装载率为 1m²/m³、1.5m²/m³、2m²/m³ 和 2.5m²/m³ 的条件下，VOCs 释放量的增长速率分别为 17.6%、23.5%、23.8%、21.7% 和 29.2%、23.1%、26%、25.1%；4～6h 的时间段里，8mm 和 18mm 三聚氰胺饰面刨花板的 VOCs 增长速率分别在 3.5%～9.4% 和 5.4%～9.9% 之间；6～8h 板材所释放的 VOCs

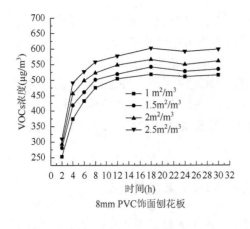

8mm PVC饰面刨花板

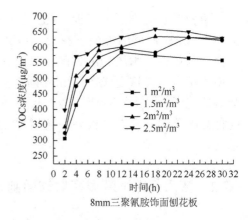

8mm三聚氰胺饰面刨花板

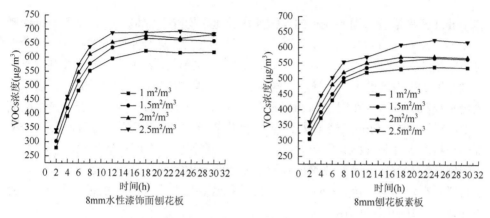

图 4-3　密闭条件下 8mm 饰面刨花板 VOCs 浓度随时间变化的曲线

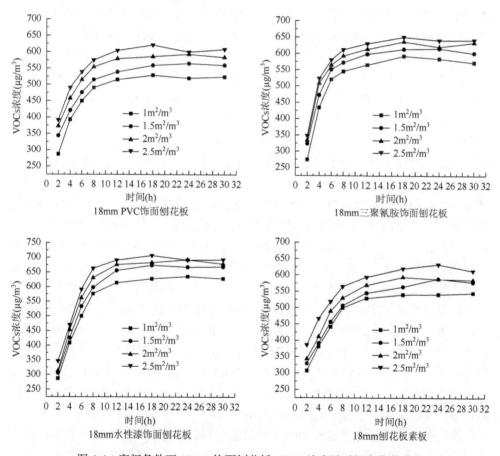

图 4-4　密闭条件下 18mm 饰面刨花板 VOCs 浓度随时间变化的曲线

浓度增长速率则分别在 2.4%～4.5% 和 1.9%～2.6% 之间；8～12h 的时间段，8mm

和 18mm 三聚氰胺饰面刨花板的 VOCs 增长速率均降至 1%左右；12h 后，饰面刨花板 VOCs 浓度的增长速率均降至 1%以下，18h 后出现极小幅度的增长，说明板材所释放的 VOCs 在舱体内达到了动态平衡。实验数据表明，三聚氰胺饰面材料对刨花板素板内部的 VOCs 释放同样能够起到阻隔的作用。与 PVC 饰面材料相比，无论是释放 2h 后、18h 达到峰值时还是 30h 后，三聚氰胺 VOCs 总释放量都略高于 PVC 板（除 18mm 三聚氰胺 2h 释放量略低于 PVC），说明实验所使用的 PVC 饰面材料对于抑制 VOCs 释放效果更好。与三聚氰胺饰面刨花板相比较，PVC 饰面的刨花板 VOCs 达到释放平衡时的浓度较低且浓度曲线最为平缓，这与 PVC 饰面材料具有较高的密度，表面使用水性涂料涂饰有关，其对刨花板板材内部 VOCs 的释放有较好的阻挡作用。

不同装载率下，水性漆饰面刨花板的 VOCs 释放量的增加速率随密闭时间的增加均呈现逐步降低的趋势。这一趋势大致可以分为以下几个阶段。密闭时间在 2~4h 的时间段里，8mm 和 18mm 水性漆饰面刨花板的 VOCs 浓度的增长速率分别在 17.4%~20.1%和 17.9%~22.4%之间；4~6h，VOCs 浓度的增长速率降至 10.3%~12.4%和 11.1%~12.9%之间，但仍保持较高的增长速率，说明板材内的气体在 2~6h，在密闭的环境舱里保持较高的释放量；6~8h，8mm 和 18mm 水性漆饰面刨花板的 VOCs 浓度的增长速率分别在 5.5%~7.3%和 6.1%~7.6%之间；密闭时间在 8~12h 时，VOCs 浓度的增长速率衰减至 1.8%~2.5%和 1.1%~2.4%之间；12~18h，VOCs 浓度的增长速率降低至 1%左右；18h 以后甚至出现增长趋势，逐步达到释放平衡。水性漆饰面刨花板表层的水性漆涂料层 VOCs 浓度高于其他饰面材料，而环境舱内要达到平衡状态，需要板材与舱体内空气接触层的气体达到动态平衡，显然水性漆涂料饰面的刨花板达到这一平衡的浓度更高。与 PVC 和三聚氰胺饰面刨花板相同，不同装载率下的水性漆饰面刨花板 VOCs 释放量并不呈明显的倍数关系。一方面，不同饰面材料的饰面刨花板随着板材厚度的增加，板材所释放的 VOCs 的浓度小幅度增加；另一方面，由图 4-3 和图 4-4 均可以看出板材厚度在密闭实验的前期对板材 VOCs 浓度的影响较为显著，后期的影响较弱。以 PVC 饰面刨花板为例，装载率在 $1m^2/m^3$ 条件下，8mm 的 PVC 饰面刨花板在密闭时间为 2h 时，VOCs 的浓度为 $253\mu g/m^3$，18mm 板材的 VOCs 浓度是 $287\mu g/m^3$，当密闭时间达到 18h 时，8mm 和 18mm 的 PVC 饰面刨花板的 VOCs 的浓度分别是 $518\mu g/m^3$ 和 $529\mu g/m^3$，密闭时间为 2h 和 18h 时，不同厚度的板材所释放的 VOCs 分别相差 $34\mu g/m^3$ 和 $11\mu g/m^3$。

不同装载率下刨花板素板 VOCs 释放量与其他饰面材料的刨花板基本相同。密闭时间在 2~4h 时，8mm 和 18mm 刨花板素板的 VOCs 浓度的增长速率分别在 9.8%~11.9%和 9.4%~12.1%之间，增长速率较快；4~6h，两种厚度板材的 VOCs 浓度的增长速率分别在 6.4%~7.9%和 5.6%~9.5%之间，依旧保持较快的增长速度；密闭时间为 6～8h，8mm 和 18mm 刨花板素板的 VOCs 浓度的增长速率分别在 4.1%～6.9% 和 4.4%～6.6% 之间；8～12h 时，VOCs 浓度的增长速率分别降至 0.7%～1.6% 和 1.5%～1.9% 之间；密闭时间为 12～18h，VOCs 浓度的增长速率降至 1% 左右，但整体高于其他三种饰面刨花板；18h 后出现了增长趋势，环境舱内逐步达到平衡状态。在密闭的初期，刨花板素板所释放的 VOCs 浓度的增长速率明显低于其他饰面刨花板，且在释放的中后期仍保持着较快的释放速率。以 18mm 刨花板为例，不同于饰面刨花板在 18h 达到释放量峰值，素板的 VOCs 释放峰值出现在 24h，晚于其他饰面刨花板。在峰值大小上，素板的峰值范围为 541～633μg/m³，而水性漆饰面刨花板的峰值范围为 628～707μg/m³，三聚氰胺刨花板峰值范围为 592～650μg/m³，PVC 饰面刨花板为 529～621μg/m³，可见素板的 VOCs 释放量峰值大于 PVC 饰面板，小于三聚氰胺和水性漆饰面板。另外，当密闭时间为 2h 时，刨花板素板的 VOCs 浓度总体上高于其他饰面刨花板。刨花板素板表面没有饰面材料，对板材内部的 VOCs 起不到阻隔作用，刨花板内部包括木材本身以及生产过程中加入的胶黏剂产生的 VOCs 会大量释放，因此其初始释放量最高。然而刨花板本身是一种多孔性的材料，没有水性漆饰面、PVC 和三聚氰胺饰面材料的阻挡，在加大本身释放的同时，在密闭的环境中刨花板素板本身对 VOCs 的吸附能力高于其他饰面刨花板，这是刨花板素板在密闭条件下达到 VOCs 释放平衡的时间晚于其他板材的原因，同时也是密闭条件下刨花板素板 VOCs 的释放量低于三聚氰胺饰面刨花板和水性漆饰面刨花板的原因。与其他三种饰面刨花板相同的是，不同装载率下的刨花板素板所释放的 VOCs 浓度不符合倍数关系。随着刨花板厚度的增加，刨花板素板释放的 VOCs 的浓度增加，同样增长的幅度不大，且不存在倍数关系。

4.3　装载率对饰面中密度纤维板的影响

4.3.1　开放条件下装载率对饰面中密度纤维板 VOCs 浓度的影响

根据图 4-5 和图 4-6 可以看出，本实验中，随着陈放时间的增加，饰面中密度纤维板 VOCs 的释放趋势与刨花板相同，VOCs 浓度都呈现随着陈放时间的增加而逐渐降低的趋势。前 3 天饰面中密度纤维板 VOCs 浓度的衰减速率最快，为快速释放期；第 3 天至第 14 天的 VOCs 释放的衰减速率明显放缓，为平稳释放期；第 14 天到第 21 天，各种饰面材料的中密度纤维板所释放的 VOCs 衰减速率基本上都在 1% 以下；21 天后，开始出现增长趋势，可以认为达到释放平衡。快速释放期，8mm 和 18mm 不同装载率的 PVC 饰面中密度纤维板 VOCs 浓度的衰减速率分为在 10.8%~13.2%和 10.3%~12.3%之间；三聚氰胺饰面中密度纤维板的衰减速率则在 9.9%~11.4%和 9.1%~11.2%之间；水性漆饰面中密度纤维板的衰减速率在 18.1%~20.2%和 18.1%~19.3%之间；中密度纤维板素板则在 9.4%~14.8%和 8.8%~9.6%之间。和饰面刨花板一样，水性漆饰面中密度纤维板 VOCs 在快速释放期的衰减速率明显高于其他饰面中密度纤维板。究其原因，是水性漆饰面中密度纤维板表面涂刷的水性漆涂料本身含有较多的挥发性物质且释放较快，导致其 VOCs 释放量较大。

整体上来看，PVC 饰面中密度纤维板的初始浓度和平衡浓度均为最低；其次是三聚氰胺饰面中密度纤维板；水性漆饰面中密度纤维板的初始浓度最高，VOCs 浓度的衰减速率最快，但平衡浓度低于中密度纤维板素板；中密度纤维板素板 VOCs 浓度的初始浓度低于水性漆饰面中密度纤维板，但是 VOCs 浓度的衰减速率是 4 种饰面板材中最低的，导致其平衡浓度高于其他板材。与饰面刨花板的释放规律相同，即初始状态下，不同饰面中密度纤维板的 VOCs 释放量由高到低分

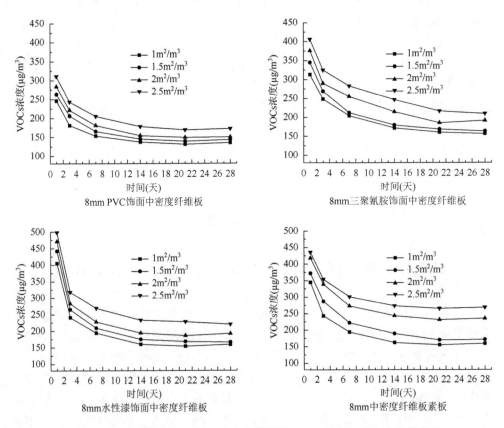

图4-5 开放条件下 8mm 饰面中密度纤维板 VOCs 浓度随时间变化的曲线

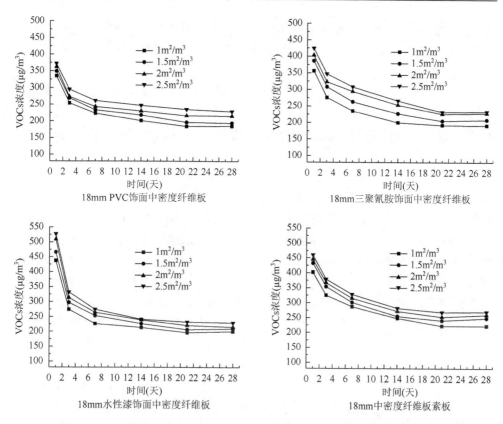

图 4-6　开放条件下 18mm 饰面中密度纤维板 VOCs 浓度随时间变化的曲线

别是水性漆饰面中密度纤维板＞中密度纤维板素板＞三聚氰胺饰面中密度纤维板＞PVC 饰面中密度纤维板；平衡状态下，VOCs 浓度状况是中密度纤维板素板＞水性漆饰面中密度纤维板＞三聚氰胺饰面中密度纤维板＞PVC 饰面中密度纤维板。且随着板材厚度的增加，饰面中密度纤维板的 VOCs 浓度增加，但厚度的影响对板材 VOCs 浓度的增加影响不大，这一点与饰面刨花板相同。此外，随着装载率的增加，饰面中密度纤维板的 VOCs 浓度同样也增加，但是两者之间并没有线性关系。导致这一现象的原因与饰面刨花板相同，都是由传质理论造成的。综上所述可以发现，开放条件下饰面中密度纤维板 VOCs 释放规律与刨花板基本相同。

　　不同装载率条件下，8mm 和 18mm 饰面中密度纤维板材的 VOCs 的浓度高于刨花板。以 8mm PVC 饰面中密度纤维板（图 4-5）和 8mm PVC 饰面刨花板（图 4-1）为例，达到释放平衡时，装载率为 1m²/m³、1.5m²/m³、2m²/m³ 和 2.5m²/m³ 条件下，PVC 饰面中密度纤维板 VOCs 的浓度分别为 135μg/m³、143μg/m³、150μg/m³ 和 172μg/m³，PVC 饰面刨花板 VOCs 的浓度分别是 109μg/m³、113μg/m³、117μg/m³

和 133μg/m³。可以看出，饰面中密度纤维板的 VOCs 浓度明显高于饰面刨花板。中密度纤维板和刨花板都是由木质纤维素材料施胶并加压制作而成的，但是由于中密度纤维板原料更为细小，制作的过程中添加的胶黏剂更多，因此中密度纤维板的 VOCs 释放源更多，从而导致中密度纤维板 VOCs 浓度整体上高于刨花板。

4.3.2 密闭条件下装载率对饰面中密度纤维板 VOCs 浓度的影响

根据图 4-7 和图 4-8 可以看出，本实验中，随着密闭时间的增加，8mm 和 18mm 饰面中密度纤维板 VOCs 的浓度增加，并呈现初始阶段增长速率较快，中期匀速增长，后期增长缓慢并逐步达到舱体内的动态平衡的趋势，与饰面刨花板的规律相同。其中，PVC 饰面中密度纤维板、三聚氰胺饰面中密度纤维板和水性漆饰面中密度纤维板在 2～18h 的时间段内，VOCs 释放速率逐渐降低，释放曲线逐渐趋于缓和。2～4h，8mm 和 18mm 的 PVC 饰面中密度纤维板 VOCs 浓度的增长速率分别在 15.3%～19.7% 和 11.7%～21% 之间，三聚氰胺饰面中密度纤维板则在 24%～27.1% 和 22.7%～28.4% 之间，水性漆饰面中密度纤维板则在 17.8%～21.3% 和 16.8%～21% 之间，这一阶段是饰面中密度纤维板 VOCs 浓度增长最快的阶段；4～6h，三种饰面中密度纤维板 VOCs 浓度的增长速率分别在 8.5%～11.5% 和 4.8%～7.1%、4.7%～10.5% 和 5.4%～10.1%、9%～11.8% 和 10.9%～11.4% 之间，明显低于 2～4h 的增长速率，但仍然保持较快的增长速率，且水性漆饰面中密度纤维板的 VOCs 增长速率高于其他板材，这与饰面刨花板的趋势相同；6～8h 则降至 3.1%～5.6% 和 3.2%～5.6%、2.8%～3.8% 和 2%～2.7%、5%～8.5% 和 4.6%～7.4% 之间，VOCs 的释放速率逐步放缓；8～12h，8mm 和 18mm 三种饰面的中密度纤维板的 VOCs 的增长速率基本上都降至 1% 左右；12h 后则均降至 1% 以下；18h 后开始出现增长趋势，可以认为环境舱内达到了动态平衡。中密度纤维板素板与 PVC、三聚氰胺和水性漆饰面中密度纤维板不同的是 VOCs 浓度增长速率在 8～12h 时为 2% 左右，略高于其他板材，这是因为中密度纤维板本身是一种多孔性的材料，没有饰面材料的阻挡，在加大本身释放的同时，在密闭的环境中中密度纤维板素板本身对 VOCs 的吸附能力高于其他饰面中密度纤维板，从而导致中密度纤维板素板在密闭条件下达到 VOCs 释放平衡的时间晚于其他板材。

从板材厚度对饰面中密度纤维板的影响来看，随着板材厚度的增加，中密度纤维板 VOCs 的浓度增加，这是由于厚度大的板材中木质纤维和胶黏剂含量大，但总体上来看厚度对板材 VOCs 浓度的影响不大，这一点与饰面刨花板相同。另外，随着装载率的增加，饰面中密度纤维板 VOCs 浓度增加，但是中

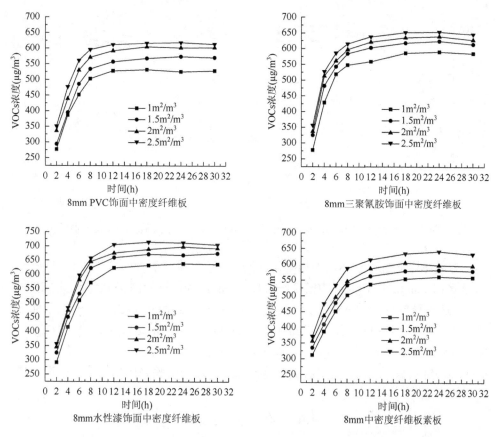

图 4-7　密闭条件下 8mm 饰面中密度纤维板 VOCs 浓度随时间变化的曲线

密度纤维板 VOCs 浓度和密闭环境中板的装载率之间并没有明显的线性关系，这与饰面刨花板的规律是一样的。

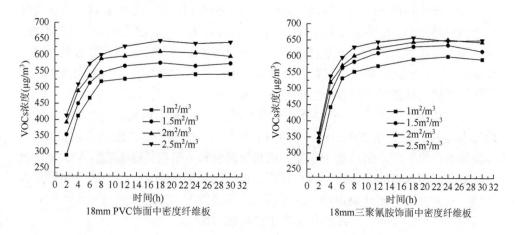

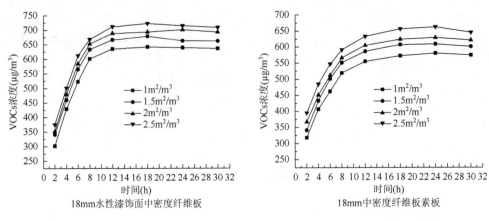

图 4-8　密闭条件下 18mm 饰面中密度纤维板 VOCs 浓度随时间变化的曲线

　　密闭环境下与开放环境下相同，饰面中密度纤维板的 VOCs 浓度均高于饰面刨花板，以 8mm PVC 饰面中密度纤维板和 8mm PVC 饰面刨花板为例，密闭环境下，当达到释放平衡时装载率为 $1m^2/m^3$、$1.5m^2/m^3$、$2m^2/m^3$ 和 $2.5m^2/m^3$ 的条件下，所释放的 VOCs 浓度分别是 $529\mu g/m^3$、$571\mu g/m^3$、$603\mu g/m^3$、$614\mu g/m^3$ 和 $516\mu g/m^3$、$535\mu g/m^3$、$561\mu g/m^3$、$599\mu g/m^3$，饰面中密度纤维板的 VOCs 释放量整体上普遍高于饰面刨花板，这主要是中密度纤维板在制作过程中胶黏剂添加量较多造成的。

4.4　本 章 小 结

　　（1）开放和密闭环境下，18mm 厚度的饰面刨花板和中密度纤维板饰面板所释放的 VOCs 浓度整体上均高于 8mm 饰面板，但厚度对 VOCs 浓度的影响不大；板材厚度在密闭实验的前期对板材 VOCs 浓度的影响较为显著，后期的影响较弱。

　　（2）开放环境下，达到释放平衡时，PVC 饰面材料由于密度较高，表面又使用水性涂料涂饰，对饰面板内部 VOCs 的阻挡作用最好；其次是三聚氰胺饰面板；水性漆饰面板表面涂刷的水性漆涂料本身含有较多的挥发性物质，导致其 VOCs 释放量较大，VOCs 衰减速率是四种饰面板中最快的；素板的 VOCs 衰减速率最为缓慢，达到释放平衡时 VOCs 的浓度较高。

　　（3）从 15L 小型环境舱实验条件和不同密闭时间下 VOCs 释放结果来看，PVC 饰面板、三聚氰胺饰面板、水性漆饰面板以及素板的 TVOC 都随时间增加，释放速率由快到慢，最后趋于平衡。刨花板素板和中密度纤维板素板 VOCs 初始浓度最高；达到释放平衡时，PVC 饰面板的 VOCs 浓度最低，释放速率整体最为平缓，对板材的封闭效果最好。此时水性漆饰面板 VOCs 总释放量最高。此外，中密度纤维板的 VOCs 浓度整体上高于刨花板饰面板。

（4）不同装载率下四种板材表现出的释放规律基本相同，装载率成倍增加，不能带来释放量的成倍增加，这与装载率和传质理论的定义有关。装载率是衡量单位空间内板材暴露程度的指标，装载率增大意味着空间内 VOCs 释放源增多，进而导致挥发性有机物浓度增大。根据传质理论，在气体交换率相同的条件下，当 VOCs 的浓度增加，板材和舱体内的空气流动相的边界层浓度梯度也会随之降低。浓度梯度越小，导致 VOCs 由板材内通过边界层流动进入空气的速度就会越慢，从而会加快单位面积板材 VOCs 散发速率的衰减。同理，随密闭时间的增加，浓度变化趋势并不表现为简单的直线增加，增加速度会逐渐降低，最终达到平衡。

参 考 文 献

胡晓珍. 2015. 内墙涂料总挥发性有机化合物（TVOC）释放量的标准检测方法探讨[J]. 涂料工业，45（5）：47-53.

类成帅，沈隽，王高超. 2014. 阻燃杨木胶合板挥发性有机化合物释放研究[J]. 森林工程，30（2）：43-47.

邵亚丽，沈隽，邓富介，等. 2018. 表面涂饰对杨木强化材 TVOC 释放影响的研究[J]. 中南林业科技大学学报，38（2）：114-121.

沈隽，王敬贤，类成帅，等. 2015. 杨木增强与阻燃处理环保技术研究[M]. 北京：科学出版社.

王雨. 2012. 室内装饰装修材料挥发性有机化合物释放标签发展的研究[D]. 哈尔滨：东北林业大学.

张文超. 2011. 室内装饰用饰面刨花板 VOC 释放特性的研究[D]. 哈尔滨：东北林业大学.

赵杨，沈隽，赵桂玲. 2015. 胶合板 VOC 释放率测量及其对室内环境影响评价[J]. 安全与环境学报，15（1）：316-319.

Kim K，Oh J，Lee B，et al. 2008. Influence of surface finishing material types to formaldehyde and volatile organic compounds emission from plywood[J]. Journal of the Korean Wood Science and Technology，36（2）：39-45.

Klepeis N E，Nelson W C，Ott W R. 2001. The National Human Activity Pattern Survey（NHAPS）：A resource for assessing exposure to environmental pollutants[J]. Journal of Exposure Analysis and Environmental Epidemiology，11（3）：231-252.

Pang S K，Cho H，Sohn J Y，et al. 2007. Assessment of the emission characteristics of VOCs from interior furniture materials during the construction process[J]. Indoor and Built Environment，16（5）：444-455.

Que Z L，Wang F B，Li J Z，et al. 2013. Assessment on emission of volatile organic compounds and formaldehyde from building materials[J]. Composites Part B：Engineering，49：36-42.

Shao Y L，Shen J，Shen X W. 2018. Effect of panel area-volume ratio on TVOC released from decorative particleboards[J]. Wood and Fiber Science，50（2）：132-142.

Zhu X D，Liu Y，Shen J. 2016. Volatile organic compounds（VOCs）emissions of wood-based panels coated with nanoparticles modified water based varnish[J]. European Journal of Wood and Wood Products，74（4）：601-607.

第5章 饰面人造板 VOCs 室内装载量释放模型的建立

人造板的原材料木材本身就含有一定量的 VOCs, 木材中组成复杂的抽提物会在加压、加热等特殊的情况下释放出不同程度的 VOCs。另外, 家具板材中常添加的各类胶黏剂, 如脲醛树脂胶、酚醛树脂胶、热熔胶、乳白胶等含有大量的 VOCs、游离甲醛等, 在常温下就会缓慢释放, 并且在生产制造过程以及使用过程中, 都会释放出大量的 VOCs, 对人们的身体健康造成危害。板材表面的涂饰材料也是造成饰面人造板释放 VOCs 的原因, 不论是聚酯或者聚氨酯类涂料, 还是水溶性的内墙漆, 都会释放出苯系物、醛类等有毒物质。

现代民居和办公室的气密性大大提高, 室内换气通风率大大下降, 尤其在北方的冬天, 室内多有暖气且门窗密闭。温度升高会促进室内人造板制品的 VOCs 释放速率加快, 从而加重室内空气污染。与此同时, 随着人们生活水平的提高, 人们对家居装修装饰的要求越来越高, 但是过度装修即装载率过大带来的危害之一就是室内空气污染加重, 因此有必要制定 VOCs 释放推荐值来指导装饰装修合理选材。

5.1 空气质量评价方法的确定

随着社会经济的发展和环境意识水平的逐步提高, 人们对室内环境品质的要求不断增强, 室内装修所用的材料种类也越来越多, 但由装饰或装修所引发的室内空气污染问题随之而来。如果在装修的过程中使用含有有害物质（如甲醛、苯系物等 VOCs 及其他有害物质）较多的装修材料, 这些材料在使用过程中会长期释放出 VOCs, 当 VOCs 在室内累积至一定的浓度时, 其对人体健康的不利影响便会凸显出来, 如出现失眠、皮肤过敏等不适症状, 直接影响工作效率及生活质量。饰面人造板装载率释放推荐值的确定应当满足以下原则:

(1) 标准限值应首先保障人体的健康;

(2) 标准限值参考国内外的相关标准, 与国内外相关空气质量标准限值不冲突;

(3) 标准制定应考虑饰面人造板生产工业现状, 有利于促进饰面人造板行业的可持续发展。

　　在上述原则指导下，在优先保障人体健康的前提下，结合实验获得的饰面刨花板和中密度纤维板 VOCs 释放的情况以及国内外空气质量标准的限值，最终确定本评价方法采用的优等品产品释放标准限值（表 3-2、表 3-3）。本章涉及的其他内容见第 3 章。

5.1.1　开放条件下饰面刨花板装载率指南的建立

1. 开放条件下 8mm 饰面刨花板 VOCs 释放模型的建立

1）8mm 刨花板 VOCs 释放数据

　　开放条件下，8mm E1 饰面刨花板达到释放平衡时，VOCs 单体和 TVOC 浓度的数据结果见表 5-1。

表 5-1　温度（23±1）℃，相对湿度 50%±5% 条件下，8mm 刨花板 VOCs 单体和 TVOC 浓度（μg/m³）

项目	装载率（m²/m³）	苯	联苯	乙苯	萘	苯乙烯	甲苯	二甲苯	总醛类	TVOC
PVC 饰面刨花板	1.0	6.32	0.98	11.74	2.16	0	15.59	5.03	3.97	109.10
	1.5	9.99	1.23	16.34	3.02	0	14.31	6.60	3.47	112.67
	2.0	10.77	1.20	17.56	4.02	0	14.83	7.12	3.51	117.72
	2.5	12.85	1.14	18.57	4.53	0	18.66	5.30	2.80	133.40
三聚氰胺饰面刨花板	1.0	6.26	0.97	19.80	0	0	11.71	5.87	2.19	122.33
	1.5	10.81	0.28	10.81	0	0	10.81	5.74	5.24	135.26
	2.0	13.35	1.11	28.04	0	0	10.32	7.95	3.99	148.21
	2.5	15.26	1.42	33.65	0	0	14.00	9.94	3.55	152.18
水性漆饰面刨花板	1.0	8.16	0.87	13.86	2.57	0	6.15	10.88	6.49	116.24
	1.5	13.85	0	13.68	4.02	0	10.13	5.95	1.88	137.88
	2.0	16.51	1.27	20.71	4.86	0	8.89	19.67	2.58	169.58
	2.5	18.32	0.84	38.74	5.81	0	11.45	16.77	2.29	186.57
刨花板素板	1.0	6.45	1.58	11.18	2.01	0	9.69	13.61	3.54	124.70
	1.5	17.59	1.42	13.39	2.29	0	9.44	15.81	1.59	130.09
	2.0	20.59	0	26.79	4.47	0	19.82	15.52	2.40	178.09
	2.5	26.85	1.24	37.01	3.08	0	14.19	35.15	1.45	234.00

　　注：苯、联苯、乙苯、萘、苯乙烯、甲苯、二甲苯、总醛类、TVOC 限量浓度分别为 16μg/m³、13μg/m³、1000μg/m³、4.5μg/m³、450μg/m³、150μg/m³、350μg/m³、170μg/m³、220μg/m³。

计算出饰面人造板的最大分指数 P、算术平均指数 Q 以及综合指数 I，见表 5-2。

表 5-2　开放条件下 8mm 饰面刨花板的最大分指数、算术平均指数、综合指数

项目	装载率（m²/m³）	指数类型		
		最大分指数 P	算术平均指数 Q	综合指数 I
PVC 饰面刨花板	1.0	0.495909	0.177743	0.296892
	1.5	0.671111	0.228139	0.391288
	2.0	0.893333	0.261253	0.483100
	2.5	1.006667	0.297603	0.547346
三聚氰胺饰面刨花板	1.0	0.556045	0.127715	0.266487
	1.5	0.675625	0.160231	0.329023
	2.0	0.834375	0.192941	0.401229
	2.5	0.953750	0.214553	0.452360
水性漆饰面刨花板	1.0	0.571111	0.200058	0.338017
	1.5	0.893333	0.277218	0.497642
	2.0	1.080000	0.347971	0.613032
	2.5	1.291111	0.391692	0.711139
刨花板素板	1.0	0.566818	0.185960	0.324662
	1.5	1.099375	0.271073	0.545904
	2.0	1.286875	0.367455	0.687654
	2.5	1.678125	0.418018	0.837547

与室内空气质量等级相比较，$I<1.0$ 为达标，该装载率条件下饰面人造板 VOCs 释放不会影响人类正常生活的需要；当 $I \geqslant 1.0$ 时，该装载率条件下饰面人造板释放的 VOCs 会对人体造成或多或少的影响，尤其是当 $I \geqslant 2.0$ 时，会对人体造成极其恶劣的影响，应严格禁止其使用。

2）8mm 刨花板 VOCs 的幂函数模型

通过 Origin 统计分析软件对实验结果进行拟合，发现：幂函数拟合函数模型能够很好地反映饰面刨花板装载率释放推荐值与瞬时综合指数 I 之间的关系，得出

$$I = ax^b \eqno{(5-5)}$$

其中，I 代表瞬时综合指数值；a 代表初始综合指数值；x 代表装载率释放推荐值；b 代表综合指数变化率。

8mm 厚 PVC 饰面刨花板、三聚氰胺饰面刨花板、水性漆饰面刨花板与刨花板素板的幂函数拟合曲线如图 5-1 所示。

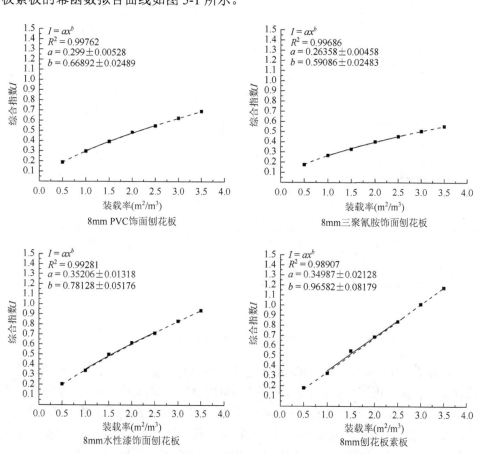

图 5-1　开放条件下 8mm 饰面刨花板的释放模型

因此，可以预算出，在不同的综合指数 I 的条件下，装载率释放推荐值见表 5-3。

表 5-3　开放条件下不同综合指数 I 下的 **8mm** 饰面刨花板装载率释放推荐值

板材	综合指数 I	装载率释放推荐值（m^2/m^3）
	0.5	2.1
	1.0	6.0
PVC 饰面刨花板	1.5	11.1
	2.0	17.1
	2.5	23.9

续表

板材	综合指数 I	装载率释放推荐值（m^2/m^3）
三聚氰胺饰面刨花板	0.5	2.9
	1.0	9.5
	1.5	18.9
	2.0	30.8
	2.5	45.0
水性漆饰面刨花板	0.5	1.5
	1.0	3.8
	1.5	6.3
	2.0	9.2
	2.5	12.2
刨花板素板	0.5	1.4
	1.0	2.9
	1.5	4.5
	2.0	6.0
	2.5	7.6

根据表5-3，可以看出8mm饰面刨花板在不同的综合指数 I 下，装载率释放推荐值应当满足不同的条件。$I<0.5$ 时，室内空气非常清洁，适宜人类生活；当 $0.5 \leqslant I<1.0$ 时，室内空气处于未污染的状态，可以满足人类的正常生活；当 $1.0 \leqslant I<1.5$ 时，室内空气处于轻度污染的状态，除了敏感者外一般不会发生急慢性中毒；当 $1.5 \leqslant I<2.0$ 时，室内空气处于中度污染的状态，人群健康明显受害，尤其是敏感者受害严重；当 $I \geqslant 2.0$ 时，室内空气处于重度污染的状态，人群健康受害严重，敏感者有死亡的可能。因此，为满足人类的正常生活，在使用PVC饰面刨花板、三聚氰胺饰面刨花板、水性漆饰面刨花板以及刨花板素板进行室内装修时，其装载率释放推荐值大小分别应当低于 $6.0m^2/m^3$、$9.5m^2/m^3$、$3.8m^2/m^3$ 和 $2.9m^2/m^3$。

2. 开放条件下18mm饰面刨花板VOCs释放模型的建立

1）18mm刨花板VOCs释放数据

开放条件下，18mm E1级饰面刨花板达到释放平衡时，VOCs单体和TVOC浓度的数据结果见表5-4。

表 5-4　温度（23±1）℃，相对湿度 50%±5% 条件下，18mm 刨花板 TVOCs 单体和 TVOC 浓度（μg/m³）

项目	装载率（m²/m³）	苯	联苯	乙苯	萘	苯乙烯	甲苯	二甲苯	总醛类	TVOC
PVC 饰面刨花板	1.0	7.89	0.81	12.38	2.88	0	14.71	2.22	5.37	110.33
	1.5	11.65	1.14	12.63	4.09	0	15.53	7.48	6.18	127.00
	2.0	10.67	1.04	14.54	5.35	0	13.88	3.32	8.15	139.74
	2.5	15.80	1.35	13.44	5.71	0	2.17	11.63	16.37	151.84
三聚氰胺饰面刨花板	1.0	3.50	1.58	7.81	1.86	0	5.18	7.76	13.03	113.68
	1.5	4.98	1.32	10.73	2.98	0	5.66	10.30	12.78	122.14
	2.0	9.96	2.18	14.49	2.02	0	7.17	12.39	22.85	176.40
	2.5	15.13	1.82	14.04	2.32	0	8.42	11.15	22.29	185.94
水性漆饰面刨花板	1.0	5.27	1.30	12.20	3.76	0	5.72	2.58	15.90	126.77
	1.5	7.30	1.79	12.92	4.76	0	6.88	11.52	21.19	149.75
	2.0	13.26	2.46	10.15	6.14	0	1.73	2.55	27.47	156.89
	2.5	17.78	1.26	14.12	7.00	0	21.36	8.94	17.75	204.66
刨花板素板	1.0	3.24	1.77	7.23	3.09	0	4.27	7.33	8.75	122.42
	1.5	3.25	1.94	9.86	5.75	0	5.61	9.74	15.69	155.92
	2.0	2.13	1.83	17.78	7.41	0	3.31	13.17	32.04	167.79
	2.5	3.13	2.61	18.08	8.98	0	3.94	15.81	36.87	212.67

计算出饰面人造板的最大分指数 P、算术平均指数 Q 以及综合指数 I，见表 5-5。

表 5-5　开放条件下 18mm 饰面刨花板的最大分指数、算术平均指数、综合指数

项目	装载率（m²/m³）	指数类型		
		最大分指数 P	算术平均指数 Q	综合指数 I
PVC 饰面刨花板	1.0	0.640000	0.205034	0.362246
	1.5	0.908889	0.275096	0.500032
	2.0	1.188889	0.303938	0.601123
	2.5	1.268889	0.356427	0.672508
三聚氰胺饰面刨花板	1.0	0.516730	0.156835	0.284676
	1.5	0.662222	0.198140	0.362233
	2.0	0.801820	0.252556	0.450004
	2.5	0.945625	0.297723	0.530598
水性漆饰面刨花板	1.0	0.835556	0.221377	0.430085

项目	装载率（m²/m³)	指数类型		
		最大分指数 P	算术平均指数 Q	综合指数 I
水性漆饰面刨花板	1.5	1.057778	0.283194	0.547318
	2.0	1.364444	0.365124	0.705827
	2.5	1.555556	0.442275	0.829448
刨花板素板	1.0	0.686666	0.187765	0.359071
	1.5	1.277778	0.278472	0.596510
	2.0	1.646667	0.327688	0.734569
	2.5	1.995555	0.407226	0.901466

2）18mm 刨花板 VOCs 的幂函数模型

与 8mm 饰面刨花板相同，18mm 厚 PVC 饰面刨花板、三聚氰胺饰面刨花板、水性漆饰面刨花板与刨花板素板的幂函数拟合曲线如图 5-2 所示。

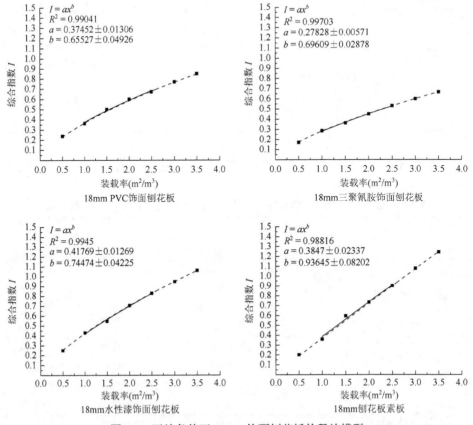

图 5-2　开放条件下 18mm 饰面刨花板的释放模型

因此，可以预算出，在不同的综合指数 I 的条件下，装载率释放推荐值见表 5-6。

表 5-6 开放条件下不同综合指数 I 下的 18mm 饰面刨花板装载率释放推荐值

板材	综合指数 I	装载率释放推荐值（m^2/m^3）
	0.5	1.5
	1.0	4.4
PVC 饰面刨花板	1.5	8.3
	2.0	12.8
	2.5	18.1
	0.5	2.3
	1.0	6.2
三聚氰胺饰面刨花板	1.5	11.2
	2.0	17.0
	2.5	23.4
	0.5	1.2
	1.0	3.2
水性漆饰面刨花板	1.5	5.5
	2.0	8.1
	2.5	11.0
	0.5	1.3
	1.0	2.7
刨花板素板	1.5	4.2
	2.0	5.8
	2.5	7.3

根据表 5-6，可以看出 18mm 饰面刨花板在不同的综合指数 I 下，当 $I<1.0$ 时，室内空气处于无污染的状态，可以满足人类的正常生活。因此，为满足人类的正常生活，在使用 PVC 饰面刨花板、三聚氰胺饰面刨花板、水性漆饰面刨花板以及刨花板素板进行室内装修时，其装载率释放推荐值分别应当低于 $4.4m^2/m^3$、$6.2m^2/m^3$、$3.2m^2/m^3$ 和 $2.7m^2/m^3$。

5.1.2 密闭条件下饰面刨花板装载率指南的建立

1. 密闭条件下 8mm 饰面刨花板 VOCs 释放模型的建立

1）8mm 刨花板 VOCs 释放数据

密闭条件下，8mm E1 级饰面刨花板达到释放平衡时，VOCs 单体和 TVOC 浓度的数据结果见表 5-7。

表 5-7　温度（23±1）℃，密闭条件下 8mm 刨花板 VOCs 单体和 TVOC 浓度（µg/m³）

项目	装载率（m²/m³）	苯	联苯	乙苯	萘	苯乙烯	甲苯	二甲苯	总醛类	TVOC
PVC 饰面刨花板	1.0	18.99	2.52	130.96	7.03	0	12.65	36.26	1.61	516.20
	1.5	19.63	3.39	121.02	11.04	0	131.52	32.98	3.09	536.04
	2.0	20.31	3.10	123.85	12.32	0	130.99	44.21	1.28	561.19
	2.5	20.12	3.11	112.09	12.60	0	174.28	37.27	2.74	599.38
三聚氰胺饰面刨花板	1.0	21.77	6.03	139.81	0	0	119.80	12.96	5.19	543.46
	1.5	20.20	1.46	129.09	3.36	0	183.60	35.84	11.53	623.56
	2.0	22.70	9.69	122.03	7.09	0	88.28	37.41	10.59	628.18
	2.5	21.77	9.82	137.77	9.99	0	118.87	22.57	6.40	630.81
水性漆饰面刨花板	1.0	24.95	4.34	181.37	2.14	0	163.87	25.57	0	620.40
	1.5	21.19	5.54	156.56	8.93	0	162.72	28.52	2.61	660.25
	2.0	24.33	6.64	159.42	14.23	0	155.08	21.58	4.70	684.51
	2.5	25.18	6.52	178.09	15.21	0	166.01	23.53	6.07	687.35
刨花板素板	1.0	18.24	3.88	126.63	8.51	0	119.82	38.24	2.64	536.05
	1.5	20.29	3.21	114.33	11.74	0	168.69	38.21	14.18	565.86
	2.0	25.67	2.61	143.26	13.32	0	153.80	33.14	10.76	568.82
	2.5	20.80	2.58	136.90	14.63	0	187.15	26.51	14.77	618.61

计算出饰面人造板的最大分指数 P、算术平均指数 Q 以及综合指数 I，见表 5-8。

表 5-8　密闭条件下 8mm 饰面刨花板的最大分指数、算术平均指数、综合指数

项目	装载率（m²/m³）	最大分指数 P	算术平均指数 Q	综合指数 I
PVC 饰面刨花板	1.0	2.346364	0.624186	1.210193
	1.5	2.453333	0.831972	1.428672
	2.0	2.737778	0.880826	1.552903
	2.5	2.800000	0.935305	1.618287
三聚氰胺饰面刨花板	1.0	2.470273	0.588975	1.206205
	1.5	2.834364	0.719906	1.428452
	2.0	2.855364	0.830533	1.539959

续表

项目	装载率（m²/m³）	指数类型		
		最大分指数 P	算术平均指数 Q	综合指数 I
三聚氰胺饰面刨花板	2.5	2.867318	0.915077	1.619820
水性漆饰面刨花板	1.0	2.820000	0.726186	1.431029
	1.5	3.001136	0.897145	1.640870
	2.0	3.111409	1.065291	1.820592
	2.5	3.380000	1.107485	1.934761
刨花板素板	1.0	2.436591	0.757376	1.358460
	1.5	2.608889	0.903060	1.534921
	2.0	2.960000	0.964140	1.689336
	2.5	3.251111	1.012070	1.813933

同样与室内空气质量等级相比较，$I<1.0$ 为达标，该装载率条件下饰面人造板 VOCs 释放不会影响人类正常生活的需要；当 $I \geqslant 1.0$ 时，该装载率条件下饰面人造板释放的 VOCs 会对人体造成或多或少的影响，尤其是当 $I \geqslant 2.0$ 时，会对人体造成极其恶劣的影响，应严格禁止其使用。

2）8mm 刨花板 VOCs 的幂函数模型

密闭条件下，8mm 厚 PVC 饰面刨花板、三聚氰胺饰面刨花板、水性漆饰面刨花板与刨花板素板的幂函数拟合曲线如图 5-3 所示。

因此，可以预算出，在不同的综合指数 I 的条件下，装载率释放推荐值见表 5-9。

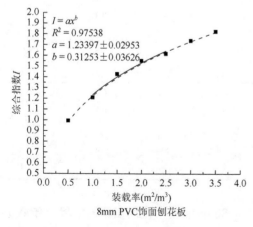

8mm PVC饰面刨花板

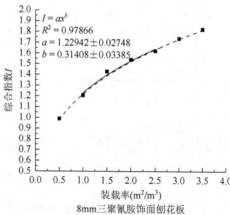

8mm三聚氰胺饰面刨花板

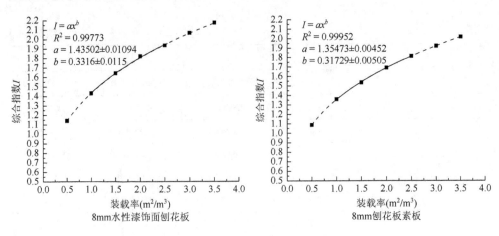

图 5-3　密闭条件下 8mm 饰面刨花板的释放模型

表 5-9　密闭条件下不同综合指数 I 下的 8mm 饰面刨花板装载率释放推荐值

板材	综合指数 I	装载率释放推荐值（m^2/m^3）
PVC 饰面刨花板	0.5	0.1
	1.0	0.5
	1.5	1.8
	2.0	4.6
	2.5	9.5
三聚氰胺饰面刨花板	0.5	0.1
	1.0	0.5
	1.5	1.8
	2.0	4.7
	2.5	9.5
水性漆饰面刨花板	0.5	0.1
	1.0	0.3
	1.5	1.1
	2.0	2.7
	2.5	5.3
刨花板素板	0.5	0.1
	1.0	0.3
	1.5	1.3
	2.0	3.4
	2.5	6.8

根据表 5-9，可以看出在密闭条件下，8mm 饰面刨花板在不同的综合指数 I

下，装载率释放推荐值应当满足不同的条件。$I<0.5$ 时，室内空气清洁，适宜人类生活；当 $0.5 \leqslant I<1$ 时，室内空气处于未污染的状态，可以满足人类的正常生活；而当 $I \geqslant 1.0$ 时，室内空气处于污染状态，会对人体健康产生危害。因此，为满足人类的正常生活，在使用 PVC 饰面刨花板、三聚氰胺饰面刨花板、水性漆饰面刨花板以及刨花板素板进行室内装修时，其装载率释放推荐值分别应当低于 $0.5m^2/m^3$、$0.5m^2/m^3$、$0.3m^2/m^3$ 和 $0.3m^2/m^3$。

2. 密闭条件下 18mm 饰面刨花板 VOCs 释放模型的建立

1）18mm 刨花板 VOCs 释放数据

密闭条件下，18mm E1 级饰面刨花板达到释放平衡时，VOCs 单体和 TVOC 浓度的数据结果见表 5-10。

表 5-10　温度（23±1）℃、密闭条件下，18mm 刨花板 VOCs 单体和 TVOC 浓度（μg/m³）

项目	装载率（m²/m³）	苯	联苯	乙苯	萘	苯乙烯	甲苯	二甲苯	总醛类	TVOC
PVC 饰面刨花板	1.0	22.27	2.47	117.36	3.44	26.60	99.14	30.20	14.03	524.12
	1.5	16.38	4.22	124.42	10.99	16.61	128.09	5.92	18.88	560.51
	2.0	18.84	4.42	122.16	12.37	18.77	118.92	36.99	13.88	584.93
	2.5	21.58	7.25	146.66	12.90	0	91.19	18.60	20.60	608.98
三聚氰胺饰面刨花板	1.0	17.94	6.65	142.08	0	0	90.16	55.03	16.59	572.07
	1.5	22.21	4.88	170.23	5.91	0	126.06	7.43	12.29	601.32
	2.0	17.15	7.70	140.03	9.10	0	122.92	8.78	20.65	630.03
	2.5	24.85	6.74	120.24	9.84	0	132.77	30.75	14.27	641.01
水性漆饰面刨花板	1.0	24.95	11.79	119.85	9.59	0	137.25	50.62	15.31	637.93
	1.5	24.55	5.65	175.63	7.63	0	159.51	28.53	16.57	670.39
	2.0	25.92	9.11	157.08	12.57	0	147.45	69.52	16.75	690.25
	2.5	27.53	14.29	114.28	14.48	0	166.37	12.51	19.17	703.83
刨花板素板	1.0	27.89	2.66	149.60	5.92	24.77	113.61	21.03	18.22	545.40
	1.5	29.58	2.82	142.67	9.34	26.27	150.49	22.30	19.32	578.46
	2.0	30.07	4.81	154.60	13.01	0	126.78	20.91	14.05	585.88
	2.5	37.94	5.83	116.42	13.58	0	160.84	31.11	8.35	613.34

计算出饰面刨花板的最大分指数 P、算术平均指数 Q 以及综合指数 I，见表 5-11。

表 5-11　密闭条件下 18mm 饰面刨花板的最大分指数、算术平均指数、综合指数

项目	装载率（m²/m³）	指数类型		
		最大分指数 P	算术平均指数 Q	综合指数 I
PVC 饰面刨花板	1.0	2.382364	0.637211	1.232100
	1.5	2.547773	0.831289	1.455313
	2.0	2.748889	0.903981	1.576371
	2.5	2.866667	0.941124	1.642525
三聚氰胺饰面刨花板	1.0	2.600318	0.581230	1.229383
	1.5	2.733273	0.768252	1.449083
	2.0	2.863773	0.850692	1.560830
	2.5	2.913682	0.927679	1.644068
水性漆饰面刨花板	1.0	2.131111	0.974070	1.440781
	1.5	3.047227	0.903310	1.659093
	2.0	3.137500	1.076538	1.837835
	2.5	3.217778	1.178754	1.947554
刨花板素板	1.0	2.479091	0.763521	1.375805
	1.5	2.629364	0.905808	1.543275
	2.0	2.891111	0.993974	1.695196
	2.5	3.017778	1.105788	1.826752

　　同理，与室内空气质量等级相比较，$I<1.0$ 为达标，该装载率条件下饰面人造板 VOCs 释放不会影响人类正常生活的需要；当 $I \geqslant 1.0$ 时，该装载率条件下饰面人造板释放的 VOCs 会对人体造成或多或少的影响，尤其是当 $I \geqslant 2.0$ 时，会对人体造成极其恶劣的影响，应严格禁止其使用。

　　2）18mm 刨花板 VOCs 的幂函数模型

　　与 8mm 刨花板相同，密闭条件下 18mm 厚 PVC 饰面刨花板、三聚氰胺饰面刨花板、水性漆饰面刨花板与刨花板素板的幂函数拟合曲线如图 5-4 所示。

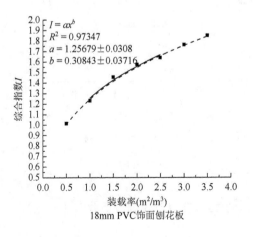
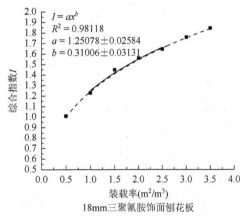

18mm PVC饰面刨花板　　　　　　　　　　18mm三聚氰胺饰面刨花板

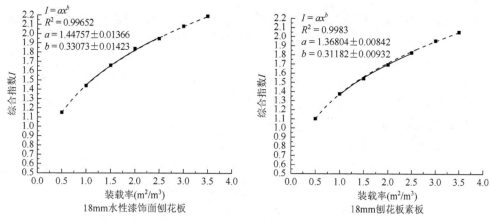

图 5-4　密闭条件下 18mm 饰面刨花板的释放模型

因此，可以预算出，在不同的综合指数 I 的条件下，装载率释放推荐值见表 5-12。

表 5-12　密闭条件下不同综合指数 I 下的 18mm 饰面刨花板装载率释放推荐值

板材	综合指数 I	装载率释放推荐值（m^2/m^3）
PVC 饰面刨花板	0.5	0.1
	1.0	0.4
	1.5	1.7
	2.0	4.5
	2.5	9.2
三聚氰胺饰面刨花板	0.5	0.1
	1.0	0.4
	1.5	1.7
	2.0	4.5
	2.5	9.3
水性漆饰面刨花板	0.5	0.1
	1.0	0.3
	1.5	1.1
	2.0	2.6
	2.5	5.2
刨花板素板	0.5	0.1
	1.0	0.3
	1.5	1.2
	2.0	3.2
	2.5	6.5

　　根据表 5-12，可以看出在密闭条件下，18mm 饰面刨花板在不同的综合指数 I 下，装载率释放推荐值应当满足不同的条件。综合指数 $I<0.5$ 时，室内空气清洁，适宜人类生活；$0.5{\leqslant}I<1.0$ 时，室内空气处于未污染的状态，可以满足人类的正常生活；而当 $I{\geqslant}1.0$ 时，室内空气处于污染状态，会对人体健康产生危害。因此，为满足人类的正常生活，在使用 PVC 饰面刨花板、三聚氰胺饰面刨花板、水性漆饰面刨花板以及刨花板素板进行室内装修时，其装载率释放推荐值分别应当低于 $0.4m^2/m^3$、$0.4m^2/m^3$、$0.3m^2/m^3$ 和 $0.3m^2/m^3$。

5.1.3　开放条件下饰面中密度纤维板装载率指南的建立

　　1. 开放条件下 8mm 饰面中密度纤维板 VOCs 释放模型的建立

　　1）8mm 中密度纤维板 VOCs 释放数据

　　开放条件下，E1 级 8mm 饰面中密度纤维板达到释放平衡时，VOCs 单体和 TVOC 浓度的数据结果见表 5-13。

表 5-13　温度（23±1）℃，相对湿度 50%±5%条件下，8mm 中密度纤维板 VOCs 单体和 TVOC 浓度（μg/m³）

项目	装载率（m²/m³）	苯	联苯	乙苯	萘	苯乙烯	甲苯	二甲苯	总醛类	TVOC
PVC 饰面中密度纤维板	1.0	5.29	3.83	12.38	3.58	0	17.48	1.78	20.24	135.64
	1.5	8.36	1.17	12.95	4.94	0	21.22	2.99	12.64	143.20
	2.0	9.26	3.75	1.42	5.95	0	10.31	0.81	15.11	150.78
	2.5	14.27	2.24	5.83	6.91	0	18.90	5.27	18.72	172.09
三聚氰胺饰面中密度纤维板	1.0	2.13	0.91	22.82	0	6.45	45.50	2.45	8.19	156.16
	1.5	10.54	4.81	1.32	0	0	13.27	0.57	18.16	163.98
	2.0	14.89	6.49	0.87	0	0	3.79	0.71	17.33	181.23
	2.5	15.86	4.81	9.18	2.61	0	24.80	3.91	14.23	208.09
水性漆饰面中密度纤维板	1.0	11.85	4.04	11.67	1.12	0	22.97	1.28	7.51	158.83
	1.5	13.22	3.14	2.95	4.53	0	15.86	0.66	9.81	166.84
	2.0	14.33	3.68	7.90	5.91	0	16.91	1.92	12.44	196.87
	2.5	15.58	4.37	2.88	7.02	0	22.33	2.32	17.18	220.14
中密度纤维板素板	1.0	10.26	3.43	12.34	3.47	0	20.89	1.06	20.50	159.05
	1.5	12.25	4.18	12.26	5.51	0	21.71	1.29	15.96	171.84
	2.0	12.08	7.16	10.46	6.75	0	31.53	6.09	8.61	235.06
	2.5	16.17	7.04	25.17	7.75	0	36.22	2.95	15.94	268.39

　　计算出饰面中密度纤维板的最大分指数 P、算术平均指数 Q 以及综合指数 I，见表 5-14。

表 5-14　开放条件下 8mm 饰面中密度纤维板的最大分指数、算术平均指数、综合指数

项目	装载率（m^2/m^3）	指数类型		
		最大分指数 P	算术平均指数 Q	综合指数 I
PVC 饰面中密度纤维板	1.0	0.795556	0.254489	0.449956
	1.5	1.097778	0.288722	0.562986
	2.0	1.322222	0.337350	0.667871
	2.5	1.535556	0.404330	0.787954
三聚氰胺饰面中密度纤维板	1.0	0.709818	0.145401	0.321260
	1.5	0.745364	0.219150	0.404162
	2.0	0.930625	0.264859	0.496472
	2.5	0.991250	0.350723	0.589622
水性漆饰面中密度纤维板	1.0	0.740625	0.248319	0.428849
	1.5	1.006667	0.333455	0.579377
	2.0	1.313333	0.398466	0.723408
	2.5	1.560000	0.458886	0.846086
中密度纤维板素板	1.0	0.615556	0.279870	0.415061
	1.5	1.224444	0.371918	0.674828
	2.0	1.500000	0.462548	0.832960
	2.5	1.766667	0.545291	0.981502

　　同理，与室内空气质量等级相比较，$I < 1.0$ 为达标，该装载率条件下饰面人造板 VOCs 释放不会影响人类正常生活的需要；当 $I \geqslant 1.0$ 时，该装载率条件下饰面人造板释放的 VOCs 会对人体造成或多或少的影响，尤其是当 $I \geqslant 2.0$ 时，会对人体造成极其恶劣的影响，应严格禁止其使用。

　　2）8mm 中密度纤维板 VOCs 的幂函数模型

　　与 8mm 饰面刨花板相同，8mm 厚 PVC 饰面中密度纤维板、三聚氰胺饰面中密度纤维板、水性漆饰面中密度纤维板与中密度纤维板素板的幂函数拟合曲线如图 5-5 所示。

　　因此，可以预算出，在不同的综合指数 I 的条件下，装载率释放推荐值见表 5-15。

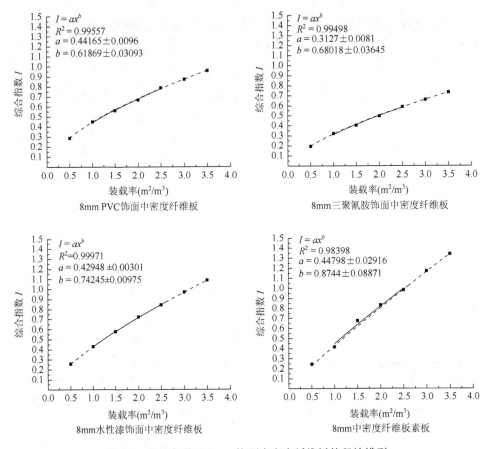

图 5-5 开放条件下 8mm 饰面中密度纤维板的释放模型

表 5-15 开放条件下不同综合指数 I 下的 8mm 饰面中密度纤维板装载率释放推荐值

板材	综合指数 I	装载率释放推荐值（m^2/m^3）
PVC 饰面中密度纤维板	0.5	1.2
	1.0	3.7
	1.5	7.2
	2.0	11.4
	2.5	16.4
三聚氰胺饰面中密度纤维板	0.5	1.9
	1.0	5.5
	1.5	10.0
	2.0	15.3
	2.5	21.2

续表

板材	综合指数 I	装载率释放推荐值（m^2/m^3）
水性漆饰面中密度纤维板	0.5	1.2
	1.0	3.1
	1.5	5.3
	2.0	7.9
	2.5	10.7
中密度纤维板素板	0.5	1.1
	1.0	2.5
	1.5	3.9
	2.0	5.5
	2.5	7.1

根据表 5-15，可以看出 8mm 饰面中密度纤维板在不同的综合指数 I 下，装载率释放推荐值应当满足不同的条件。为满足人类的正常生活，在使用 PVC 饰面中密度纤维板、三聚氰胺饰面中密度纤维板、水性漆饰面中密度纤维板以及中密度纤维板素板进行室内装修时，其装载率释放推荐值分别应当低于 $3.7m^2/m^3$、$5.5m^2/m^3$、$3.1m^2/m^3$ 和 $2.5m^2/m^3$。

2. 开放条件下 18mm 饰面中密度纤维板 VOCs 释放模型的建立

1）18mm 中密度纤维板 VOCs 释放数据

开放条件下，18mm E1 级饰面中密度纤维板达到释放平衡时，VOCs 单体和 TVOC 浓度的数据结果见表 5-16。

表 5-16　温度（23±1）℃、相对湿度 50%±5%条件下，18mm 中密度纤维板 VOCs 单体和 TVOC 浓度（$\mu g/m^3$）

项目	装载率（m^2/m^3）	苯	联苯	乙苯	萘	苯乙烯	甲苯	二甲苯	总醛类	TVOC
PVC 饰面中密度纤维板	1.0	5.09	7.55	1.74	2.53	4.99	14.12	1.04	15.42	185.16
	1.5	5.87	5.48	9.29	4.56	0	25.08	5.17	16.02	194.59
	2.0	7.37	4.36	10.53	5.68	0	30.05	6.34	22.12	215.07
	2.5	9.93	5.64	6.44	7.46	0	16.27	5.04	15.26	229.32
三聚氰胺饰面中密度纤维板	1.0	2.16	3.26	9.13	0	0	22.57	2.21	22.30	191.84
	1.5	8.01	4.18	6.67	0.96	0	26.30	4.83	18.60	208.56

项目	装载率 (m²/m³)	苯	联苯	乙苯	萘	苯乙烯	甲苯	二甲苯	总醛类	TVOC
三聚氰胺饰面中密度纤维板	2.0	9.82	7.96	7.66	3.43	0	21.22	6.21	26.04	228.48
	2.5	14.96	11.92	15.97	1.43	0	24.05	12.23	17.41	233.19
水性漆饰面中密度纤维板	1.0	7.14	7.42	7.63	1.59	0	16.22	3.29	20.46	200.68
	1.5	8.42	6.61	14.5	4.67	0	25.97	3.33	22.52	229.64
	2.0	13.44	7.96	6.65	5.85	0	27.59	3.81	23.08	245.33
	2.5	16.31	7.71	12.92	7.42	0	23.60	14.79	27.36	259.13
中密度纤维板素板	1.0	7.56	4.69	3.93	0.69	0	28.27	4.77	20.38	222.40
	1.5	8.73	7.91	26.28	4.98	0	22.54	4.11	30.45	248.15
	2.0	8.77	5.12	6.73	7.09	11.14	25.57	4.50	19.46	260.11
	2.5	11.98	10.48	16.44	9.07	9.60	37.14	3.48	21.15	270.29

　　计算出饰面中密度纤维板的最大分指数 P、算术平均指数 Q 以及综合指数 I，见表 5-17。

表 5-17　开放条件下 18mm 饰面中密度纤维板的最大分指数、算术平均指数、综合指数

项目	装载率（m²/m³）	指数类型		
		最大分指数 P	算术平均指数 Q	综合指数 I
PVC 饰面中密度纤维板	1.0	0.841636	0.278155	0.483844
	1.5	1.013333	0.330194	0.578443
	2.0	1.262222	0.377213	0.690019
	2.5	1.657778	0.441520	0.855537
三聚氰胺饰面中密度纤维板	1.0	0.872000	0.172762	0.388134
	1.5	0.948000	0.254301	0.490997
	2.0	1.038545	0.318047	0.574723
	2.5	1.059955	0.443084	0.685310
水性漆饰面中密度纤维板	1.0	0.912182	0.280895	0.506189
	1.5	1.037778	0.382881	0.630353
	2.0	1.300000	0.467186	0.779322
	2.5	1.648889	0.534740	0.939003
中密度纤维板素板	1.0	1.010909	0.258158	0.510856
	1.5	1.106667	0.417346	0.679605
	2.0	1.575556	0.447681	0.839849
	2.5	2.015556	0.579864	1.081087

2）18mm 中密度纤维板 VOCs 的幂函数模型

与 8mm 饰面刨花板相同，18mm 厚 PVC 饰面中密度纤维板、三聚氰胺饰面中密度纤维板、水性漆饰面中密度纤维板与中密度纤维板素板的幂函数拟合曲线如图 5-6 所示。

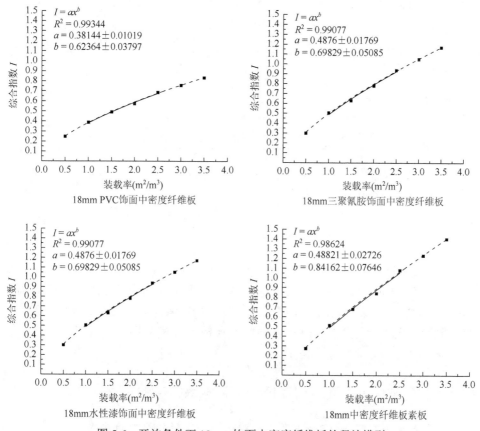

图 5-6　开放条件下 18mm 饰面中密度纤维板的释放模型

因此，可以预算出，在不同的综合指数 I 的条件下，装载率释放推荐值见表 5-18。

表 5-18　开放条件下不同综合指数 I 下的 18mm 饰面中密度纤维板装载率释放推荐值

板材	综合指数 I	装载率释放推荐值（m^2/m^3）
	0.5	1.1
	1.0	3.3
PVC 饰面中密度纤维板	1.5	6.2
	2.0	9.7
	2.5	13.7

续表

板材	综合指数 I	装载率释放推荐值（m^2/m^3）
三聚氰胺饰面中密度纤维板	0.5	1.5
	1.0	4.6
	1.5	8.9
	2.0	14.2
	2.5	20.3
水性漆饰面中密度纤维板	0.5	1.0
	1.0	2.7
	1.5	4.9
	2.0	7.5
	2.5	10.3
中密度纤维板素板	0.5	1.0
	1.0	2.3
	1.5	3.7
	2.0	5.3
	2.5	6.9

根据表 5-18，可以看出 18mm 饰面中密度纤维板在不同的综合指数 I 下，装载率释放推荐值应当满足不同的条件。为满足人类的正常生活，在使用 PVC 饰面中密度纤维板、三聚氰胺饰面中密度纤维板、水性漆饰面中密度纤维板以及中密度纤维板素板进行室内装修时，其装载率释放推荐值分别应当低于 $3.3m^2/m^3$、$4.6m^2/m^3$、$2.7m^2/m^3$ 和 $2.3m^2/m^3$。

5.1.4 密闭条件下饰面中密度纤维板装载率指南的建立

1. 密闭条件下 8mm 饰面中密度纤维板 VOCs 释放模型的建立

1）8mm 中密度纤维板 VOCs 释放数据

密闭条件下，8mm E1 级饰面中密度纤维板达到释放平衡时，VOCs 单体和 TVOC 浓度的数据结果见表 5-19。

表 5-19 温度（23±1）℃、密闭条件下，8mm 中密度纤维板 VOCs 单体和 TVOC 浓度（$\mu g/m^3$）

项目	装载率（m^2/m^3）	苯	联苯	乙苯	萘	苯乙烯	甲苯	二甲苯	总醛类	TVOC
PVC 饰面中密度纤维板	1.0	24.22	3.02	149.81	2.84	0	140.18	0	21.52	529.79
	1.5	26.17	4.63	113.83	7.55	0	152.72	35.15	25.51	571.01
	2.0	27.47	3.86	113.34	9.79	0	166.87	41.03	22.45	603.76
	2.5	29.99	3.54	125.06	12.16	0	167.84	31.56	21.95	614.58

项目	装载率(m²/m³)	苯	联苯	乙苯	萘	苯乙烯	甲苯	二甲苯	总醛类	TVOC
三聚氰胺饰面中密度纤维板	1.0	14.22	4.50	149.05	0	0	149.05	42.29	19.69	585.39
	1.5	23.60	3.03	143.59	4.09	0	165.18	42.40	18.12	614.73
	2.0	24.87	4.18	147.58	7.79	0	151.99	51.66	17.45	628.57
	2.5	26.14	3.20	158.99	9.27	0	174.22	45.97	19.95	646.85
水性漆饰面中密度纤维板	1.0	19.95	3.28	166.95	4.09	0	180.88	31.71	16.90	636.73
	1.5	23.05	2.79	164.83	8.15	0	187.46	48.77	20.39	674.28
	2.0	24.03	2.96	150.10	14.28	0	210.38	43.16	17.87	692.72
	2.5	25.98	2.74	178.76	15.59	0	185.26	44.65	22.95	705.52
中密度纤维板素板	1.0	22.93	0	153.11	6.91	0	162.27	26.12	16.44	558.64
	1.5	23.78	0	148.72	12.16	0	163.78	45.69	15.02	579.51
	2.0	24.71	2.09	168.78	13.40	0	162.20	45.01	20.85	595.59
	2.5	24.38	0	162.01	15.05	0	175.44	56.57	18.55	632.37

计算出饰面人造板的最大分指数 P、算术平均指数 Q 以及综合指数 I，见表 5-20。

表 5-20　密闭条件下 8mm 饰面中密度纤维板的最大分指数、算术平均指数、综合指数

项目	装载率（m²/m³）	指数类型		
		最大分指数 P	算术平均指数 Q	综合指数 I
PVC 饰面中密度纤维板	1.0	2.408136	0.666249	1.266656
	1.5	2.595500	0.849723	1.485078
	2.0	2.744364	0.934312	1.601279
	2.5	2.793545	1.011748	1.681179
三聚氰胺饰面中密度纤维板	1.0	2.660864	0.586126	1.248840
	1.5	2.794227	0.764857	1.461911
	2.0	2.857136	0.875028	1.581163
	2.5	2.940227	0.938809	1.661419
水性漆饰面中密度纤维板	1.0	2.894227	0.762792	1.485831
	1.5	3.064909	0.911679	1.671590
	2.0	3.173333	1.092521	1.861971
	2.5	3.464444	1.131363	1.979784
中密度纤维板素板	1.0	2.539273	0.768244	1.396704
	1.5	2.702222	0.920232	1.576919
	2.0	2.977778	0.987946	1.715192
	2.5	3.344444	1.038329	1.863500

与室内空气质量等级相比较，$I<1.0$ 为达标，该装载率条件下饰面人造板 VOCs 释放不会影响人类正常生活的需要；当 $I \geqslant 1.0$ 时，该装载率条件下饰面人造板释放的 VOCs 会对人体造成或多或少的影响，尤其是当 $I \geqslant 2.0$ 时，会对人体造成极其恶劣的影响，应严格禁止其使用。

2）8mm 中密度纤维板 VOCs 的幂函数模型

与刨花板相同，密闭条件下，8mm 厚 PVC 饰面中密度纤维板、三聚氰胺饰面中密度纤维板、水性漆饰面中密度纤维板与中密度纤维板素板的幂函数拟合曲线如图 5-7 所示。

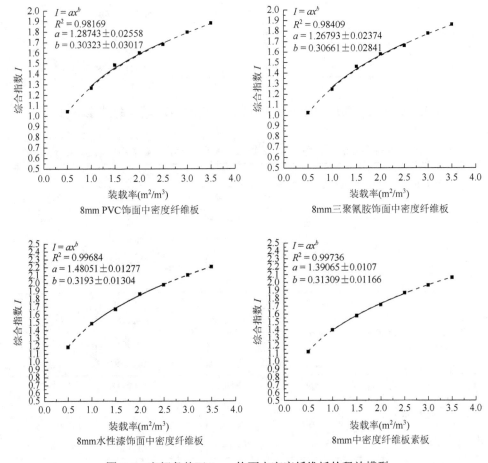

图 5-7　密闭条件下 8mm 饰面中密度纤维板的释放模型

因此，可以预算出，在不同的综合指数 I 的条件下，装载率释放推荐值见表 5-21。

表 5-21　密闭条件下不同综合指数 *I* 下的 8mm 饰面中密度纤维板装载率释放推荐值

板材	综合指数 *I*	装载率释放推荐值（m²/m³）
PVC 饰面中密度纤维板	0.5	0.1
	1.0	0.4
	1.5	1.6
	2.0	4.2
	2.5	8.9
三聚氰胺饰面中密度纤维板	0.5	0.1
	1.0	0.4
	1.5	1.7
	2.0	4.4
	2.5	9.1
水性漆饰面中密度纤维板	0.5	0.1
	1.0	0.3
	1.5	1.0
	2.0	2.5
	2.5	5.1
中密度纤维板素板	0.5	0.1
	1.0	0.3
	1.5	1.2
	2.0	3.1
	2.5	6.5

　　为满足人类的正常生活，在使用 8mm PVC 饰面中密度纤维板、三聚氰胺饰面中密度纤维板、水性漆饰面中密度纤维板以及中密度纤维板素板进行室内装修时，其装载率释放推荐值分别应当低于 0.4m²/m³、0.4m²/m³、0.3m²/m³ 和 0.3m²/m³。

　　2. 密闭条件下 18mm 饰面中密度纤维板 VOCs 释放模型的建立

　　1）18mm 中密度纤维板 VOCs 释放数据

　　密闭条件下，18mm E1 级饰面中密度纤维板达到释放平衡时，VOCs 单体和 TVOC 浓度的数据结果见表 5-22。

表 5-22　温度(23±1)℃、密闭条件下, 18mm 中密度纤维板 VOCs 单体和 TVOC 浓度（μg/m³）

项目	装载率（m²/m³）	苯	联苯	乙苯	萘	苯乙烯	甲苯	二甲苯	总醛类	TVOC
PVC 饰面中密度纤维板	1.0	24.15	3.98	159.55	3.22	0	120.22	5.31	17.62	543.77
	1.5	25.56	4.16	171.55	9.79	0	133.15	8.38	12.66	576.53
	2.0	24.52	3.16	182.47	12.69	0	139.10	7.87	18.22	598.51
	2.5	30.84	4.31	151.59	11.06	0	169.83	7.48	24.16	642.89

项目	装载率 （m²/m³）	苯	联苯	乙苯	萘	苯乙烯	甲苯	二甲苯	总醛类	TVOC
三聚氰胺饰面中密度纤维板	1.0	17.59	3.19	154.19	0	0	160.39	6.73	23.37	592.58
	1.5	20.26	3.98	150.55	6.03	0	179.99	7.18	20.49	617.47
	2.0	21.29	2.67	164.29	9.09	0	156.25	75.18	23.68	645.93
	2.5	23.59	4.08	166.45	10.72	0	167.86	48.40	23.06	651.42
水性漆饰面中密度纤维板	1.0	19.27	3.88	179.21	5.62	0	159.75	28.43	22.24	636.44
	1.5	22.52	4.60	168.26	10.80	0	174.68	34.30	19.36	662.06
	2.0	25.76	6.05	200.22	14.74	0	151.18	10.70	19.41	693.14
	2.5	25.19	4.41	160.60	15.80	0	183.26	67.29	15.90	709.97
中密度纤维板素板	1.0	24.03	2.44	131.39	6.22	0	150.29	42.66	18.26	574.66
	1.5	25.16	2.94	168.95	10.78	0	155.78	30.06	18.22	601.96
	2.0	26.95	3.09	194.28	13.61	0	141.55	30.55	20.39	621.08
	2.5	28.48	3.35	154.56	14.65	0	172.56	38.38	17.46	645.38

计算出饰面人造板的最大分指数 P、算术平均指数 Q 以及综合指数 I，见表 5-23。

表 5-23　密闭条件下 18mm 饰面中密度纤维板的最大分指数、算术平均指数、综合指数

项目	装载率（m²/m³）	指数类型		
		最大分指数 P	算术平均指数 Q	综合指数 I
PVC 饰面中密度纤维板	1.0	2.471682	0.675845	1.292468
	1.5	2.620591	0.874586	1.513913
	2.0	2.820000	0.950616	1.637296
	2.5	2.922227	1.009591	1.717631
三聚氰胺饰面中密度纤维板	1.0	2.693545	0.602051	1.273441
	1.5	2.806682	0.801179	1.499552
	2.0	2.936045	0.894678	1.620746
	2.5	2.961000	0.965655	1.690948
水性漆饰面中密度纤维板	1.0	2.892909	0.788989	1.510785
	1.5	3.009364	0.968376	1.707102
	2.0	3.275556	1.094935	1.893811
	2.5	3.511111	1.146664	2.006505
中密度纤维板素板	1.0	2.612091	0.782945	1.430078
	1.5	2.736182	0.925660	1.591469
	2.0	3.024444	1.012753	1.750147
	2.5	3.255556	1.082680	1.877425

2）18mm 中密度纤维板 VOCs 的幂函数模型

与刨花板相同，密闭条件下，18mm 厚 PVC 饰面中密度纤维板、三聚氰胺饰面中密度纤维板、水性漆饰面中密度纤维板与中密度纤维板素板的幂函数拟合曲线如图 5-8 所示。

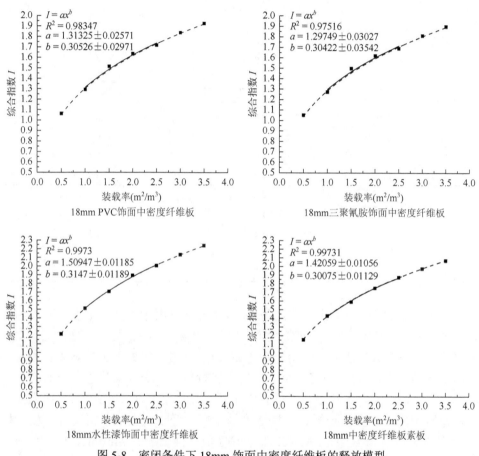

图 5-8　密闭条件下 18mm 饰面中密度纤维板的释放模型

因此，可以预算出，在不同的综合指数 I 的条件下，装载率释放推荐值见表 5-24。

表 5-24　密闭条件下不同综合指数 I 下的 18mm 饰面中密度纤维板装载率释放推荐值

板材	综合指数 I	装载率释放推荐值（m^2/m^3）
	0.5	0.1
PVC 饰面中密度纤维板	1.0	0.4
	1.5	1.5

续表

板材	综合指数 I	装载率释放推荐值（m^2/m^3）
PVC 饰面中密度纤维板	2.0	3.9
	2.5	8.2
三聚氰胺饰面中密度纤维板	0.5	0.1
	1.0	0.4
	1.5	1.6
	2.0	4.1
	2.5	8.6
水性漆饰面中密度纤维板	0.5	0.1
	1.0	0.3
	1.5	0.9
	2.0	2.4
	2.5	4.9
中密度纤维板素板	0.5	0.1
	1.0	0.3
	1.5	1.1
	2.0	3.1
	2.5	6.5

　　根据表 5-24，可以看出在密闭条件下，18mm 饰面中密度纤维板在不同的综合指数 I 下，装载率释放推荐值应当满足不同的条件。综合指数 $I<0.5$ 时，室内空气清洁，适宜人类生活；当 $0.5 \leqslant I<1.0$ 时，室内空气处于未污染的状态，可以满足人类的正常生活；而当 $I \geqslant 1.0$ 时，室内空气处于污染状态，会对人体健康产生危害，因此，为满足人类的正常生活，在使用 PVC 饰面中密度纤维板、三聚氰胺饰面中密度纤维板、水性漆饰面中密度纤维板以及中密度纤维板素板进行室内装修时，其装载率释放推荐值分别应当低于 $0.4 m^2/m^3$、$0.4 m^2/m^3$、$0.3 m^2/m^3$ 和 $0.3 m^2/m^3$。

5.2　不同装载率条件下饰面板材 VOCs 释放模型的验证

5.2.1　不同装载率条件下饰面刨花板 VOCs 释放模型的验证

　　根据饰面刨花板在 I 下的装载率释放推荐值，在开放条件下，按照综合指数法计算得到刨花板对人体健康不造成危害的装载率应满足表 5-25。

表 5-25　开放条件下 E1 级饰面刨花板装载率释放推荐值

板材	综合指数 I	8mm 装载率释放推荐值 （m²/m³）	18mm 装载率释放推荐值 （m²/m³）
PVC 饰面刨花板	1.0	6.0	4.4
三聚氰胺饰面刨花板	1.0	9.5	6.2
水性漆饰面刨花板	1.0	3.8	3.2
刨花板素板	1.0	2.9	2.7

为了验证该释放模型在同种刨花板材中具有普遍的适用性，分别裁取装载率为 6.0m²/m³、9.5m²/m³、3.8m²/m³ 和 2.9m²/m³ 的 8mm PVC 饰面刨花板、三聚氰胺饰面刨花板、水性漆饰面刨花板和刨花板素板及装载率为 4.4m²/m³、6.2m²/m³、3.2m²/m³ 和 2.7m²/m³ 的 18mm PVC 饰面刨花板、三聚氰胺饰面刨花板、水性漆饰面刨花板和刨花板素板作为验证实验的材料，在开放条件下采用 15L 小型环境舱进行验证实验。其中 8mm 和 18mm PVC 饰面刨花板、三聚氰胺饰面刨花板、水性漆饰面刨花板、刨花板素板需要裁取的板材的具体尺寸分别为 24cm×19cm、24cm×30cm、15cm×19cm、22cm×10cm 和 24cm×14cm、47cm×10cm、27cm× 9cm、23cm×9cm。实验测得的两种厚度不同饰面刨花板所释放的苯、联苯、乙苯、萘、苯乙烯、甲苯、二甲苯、总醛类和 TVOC 浓度见表 5-26。

表 5-26　开放条件下温度（23±1）℃，相对湿度 50%±5% 条件下，
饰面刨花板 VOCs 单体和 TVOC 浓度（μg/m³）

项目		装载率 （m²/m³）	苯	联苯	乙苯	萘	苯乙烯	甲苯	二甲苯	总醛类	TVOC
8mm 刨花板	PVC	6.0	16.55	1.90	106.01	2.60	0	102.79	46.73	14.34	426.89
	三聚氰胺	9.5	16.01	2.16	114.68	2.18	0	94.94	43.43	5.93	435.77
	水性漆	3.8	18.25	1.70	110.61	2.18	0	101.60	49.59	7.16	446.74
	素板	2.9	19.84	2.00	113.58	3.60	0	27.87	56.45	9.62	450.39
18mm 刨花板	PVC	4.4	16.51	1.87	101.24	2.11	0	96.90	60.62	7.48	444.05
	三聚氰胺	6.2	20.3	2.16	133.72	2.44	0	85.62	40.57	7.71	446.45
	水性漆	3.2	18.84	1.78	121.94	2.13	0	88.31	51.25	5.80	452.25
	素板	2.7	20.03	2.11	129.67	1.22	0	76.94	76.75	2.18	462.43

计算出饰面刨花板的最大分指数 P、算术平均指数 Q 以及综合指数 I，见表 5-27。

表 5-27　开放条件下饰面刨花板的最大分指数、算术平均指数、综合指数

项目	饰面材料	指数类型		
		最大分指数 P	算术平均指数 Q	综合指数 I
8mm 刨花板	PVC	1.940409	0.523096	1.007482
	三聚氰胺	1.980773	0.504286	0.999438
	水性漆	2.030636	0.528691	1.036137
	素板	2.047227	0.528703	1.040373
18mm 刨花板	PVC	2.018409	0.514162	1.018720
	三聚氰胺	2.029318	0.541359	1.048136
	水性漆	2.055682	0.526073	1.039923
	素板	2.101955	0.517996	1.043457

在拟合得到的综合指数 $I_{拟合}$ 为 1 的条件下计算得到对应板材的装载率大小,在该装载率条件下实际测得的综合指数 $I_{实际}$ 与前期通过数据拟合得到的综合指数 $I_{拟合}$ 之间的对比以及差值百分数见表 5-28。

表 5-28　开放条件下饰面刨花板实验综合指数与拟合综合指数对比

项目	饰面材料	指数类型		
		$I_{实际}$	$I_{拟合}$	差值百分数（%）
8mm 刨花板	PVC	1.007482	1.0	0.7482
	三聚氰胺	0.999438	1.0	−0.0562
	水性漆	1.036137	1.0	3.6137
	素板	1.040373	1.0	4.0373
18mm 刨花板	PVC	1.018720	1.0	1.8720
	三聚氰胺	1.048136	1.0	4.7136
	水性漆	1.039923	1.0	3.9923
	素板	1.043457	1.0	4.3457

根据表 5-28 可以看出,开放条件下,通过数据拟合得到的 I 值与实际实验得到的 I 值之间的误差均在±5%以下,说明综合指数法可以较好地评价饰面刨花板对室内环境污染的情况,且拟合方程 $I = ax^b$ 可以较好地拟合装载率释放推荐值与综合指数 I 之间的关系,可以用来评价同品种饰面刨花板的污染等级,对同品种的饰面刨花板具有较好的适用性。

同理,密闭条件下计算得到的刨花板不对人体健康造成危害的装载率释放推荐值应满足表 5-29。

表 5-29　密闭条件下 E1 级饰面刨花板装载率释放推荐值

板材	综合指数 I	8mm 装载率释放推荐值（m²/m³）	18mm 装载率释放推荐值（m²/m³）
PVC 饰面刨花板	1.0	0.5	0.4
三聚氰胺饰面刨花板	1.0	0.5	0.4
水性漆饰面刨花板	1.0	0.3	0.3
刨花板素板	1.0	0.3	0.3

为了验证该释放模型在同种刨花板材中具有普遍的适用性，分别裁取装载率为 0.5m²/m³、0.5m²/m³、0.3m²/m³ 和 0.3m²/m³ 的 8mm PVC 饰面刨花板、三聚氰胺饰面刨花板、水性漆饰面刨花板和刨花板素板及装载率为 0.4m²/m³、0.4m²/m³、0.3m²/m³ 和 0.3m²/m³ 的 18mm PVC 饰面刨花板、三聚氰胺饰面刨花板、水性漆饰面刨花板和刨花板素板作为验证实验的材料，在密闭条件下采用 15L 小型环境舱进行验证实验。其中 8mm 和 18mm PVC 饰面刨花板、三聚氰胺饰面刨花板、水性漆饰面刨花板、刨花板素板需要裁取的板材的具体尺寸分别为 5cm×7.5cm、3cm×13cm、5cm×1cm、5cm×5.7cm 和 5cm×7.05cm、5cm×7.35cm、5cm×4.95cm、5cm×5.23cm。实验测得的两种厚度不同饰面刨花板所释放的 VOCs 单体和 TVOC 浓度见表 5-30。

表 5-30　密闭条件下温度（23±1）℃，相对湿度 50%±5%条件下，饰面刨花板 VOCs 单体和 TVOC 浓度（μg/m³）

项目		装载率（m²/m³）	苯	联苯	乙苯	萘	苯乙烯	甲苯	二甲苯	总醛类	TVOC
8mm 刨花板	PVC	0.5	17.18	2.81	80.48	2.19	0	88.36	32.94	28.86	425.94
	三聚氰胺	0.5	19.92	3.16	85.10	2.14	0	81.38	34.65	27.79	441.55
	水性漆	0.3	20.80	4.18	78.93	2.79	0	88.85	37.75	18.97	423.29
	素板	0.3	20.14	4.68	85.88	3.42	0	53.98	38.61	23.94	413.05
18mm 刨花板	PVC	0.4	21.53	1.35	166.54	1.82	0	75.16	59.16	13.41	444.12
	三聚氰胺	0.4	22.45	1.10	107.31	1.11	0	89.93	59.89	17.35	444.80
	水性漆	0.3	23.63	1.38	93.70	2.43	0	76.24	45.92	20.33	433.39
	素板	0.3	24.29	1.13	97.24	2.75	0	88.62	57.29	23.79	422.24

计算出饰面刨花板的最大分指数 P、算术平均指数 Q 以及综合指数 I，见表 5-31。

表 5-31　密闭条件下饰面刨花板的最大分指数、算术平均指数、综合指数

项目	饰面材料	指数类型		
		最大分指数 P	算术平均指数 Q	综合指数 I
8mm 刨花板	PVC	1.936091	0.516232	0.999736
	三聚氰胺	2.007045	0.540087	1.041143
	水性漆	1.924045	0.561810	1.039687
	素板	1.877500	0.550348	1.016503
18mm 刨花板	PVC	2.018727	0.532018	1.036339
	三聚氰胺	2.021818	0.526249	1.031494
	水性漆	1.969955	0.549526	1.040453
	素板	1.919273	0.569678	1.045642

在拟合得到的综合指数 $I_{拟合}$ 为 1 的条件下计算得到对应板材的装载率大小，在该装载率条件下实际测得的综合指数 $I_{实际}$ 与前期通过数据拟合得到的综合指数 $I_{拟合}$ 之间的对比以及差值百分数见表 5-32。

表 5-32　密闭条件下饰面刨花板实验综合指数与拟合综合指数对比

项目	饰面材料	指数类型		
		$I_{实际}$	$I_{拟合}$	差值百分数（%）
8mm 刨花板	PVC	0.999736	1.0	−0.0264
	三聚氰胺	1.041143	1.0	4.1143
	水性漆	1.039687	1.0	3.9687
	素板	1.016503	1.0	1.6503
18mm 刨花板	PVC	1.036339	1.0	3.6339
	三聚氰胺	1.031494	1.0	3.1494
	水性漆	1.040453	1.0	4.0453
	素板	1.045642	1.0	4.5642

根据表 5-32 可以看出，密闭条件下，通过数据拟合得到的 I 值与实际实验得到的 I 值之间的误差均在 ±5% 以下，说明综合指数法可以较好地评价饰面刨花板对室内环境污染的情况，且拟合方程 $I = ax^b$ 可以较好地拟合装载率释放推荐值与综合指数 I 之间的关系，可以用来评价同品种饰面刨花板的污染等级，对同品种的饰面刨花板具有较好的适用性。

5.2.2　不同装载率条件下饰面中密度纤维板 VOCs 释放模型的验证

与饰面刨花板相同，根据饰面中密度纤维板在 I 值下的装载率释放推荐值，在开放条件下，按照综合指数法计算得到中密度纤维板对人体健康不造成危害的装载率应满足表 5-33。

表 5-33　开放条件下 E1 级饰面中密度纤维板装载率释放推荐值

板材	综合 指数 I	8mm 装载率释放推荐值 （m^2/m^3）	18mm 装载率释放推荐值 （m^2/m^3）
PVC 饰面中密度纤维板	1.0	3.7	3.3
三聚氰胺饰面中密度纤维板	1.0	5.5	4.6
水性漆饰面中密度纤维板	1.0	3.1	2.7
中密度纤维板素板	1.0	2.5	2.3

为了验证该释放模型在同种中密度纤维板材中具有普遍的适用性，分别裁取装载率为 3.7m²/m³、5.5m²/m³、3.1m²/m³ 和 2.5m²/m³ 的 8mm PVC 饰面中密度纤维板、三聚氰胺饰面中密度纤维板、水性漆饰面中密度纤维板和中密度纤维板素板及装载率为 3.3m²/m³、4.6m²/m³、2.7m²/m³ 和 2.3m²/m³ 的 18mm PVC 饰面中密度纤维板、三聚氰胺饰面中密度纤维板、水性漆饰面中密度纤维板和中密度纤维板素板作为验证实验的材料，在开放条件下采用 15L 小型环境舱进行验证实验。其中 8mm 和 18mm PVC 饰面中密度纤维板、三聚氰胺饰面中密度纤维板、水性漆饰面中密度纤维板、中密度纤维板素板需要裁取的板材的具体尺寸分别为 20cm×14cm、18cm×23cm、18cm×14cm、21cm×9cm 和 25cm×10cm、22cm×16cm、21cm×10cm、22cm×8cm。实验测得的两种厚度不同饰面中密度纤维板所释放的苯、联苯、乙苯、萘、苯乙烯、甲苯、二甲苯、总醛类和 TVOC 浓度见表 5-34。

表 5-34　开放条件下温度（23±1）℃，相对湿度 50%±5%条件下，饰面中密度纤维板 VOCs 单体和 TVOC 浓度（μg/m³）

项目		装载率 （m^2/m^3）	苯	联苯	乙苯	萘	苯乙烯	甲苯	二甲苯	总醛类	TVOC
8mm 中 密度纤 维板	PVC	3.7	15.61	2.10	96.51	2.79	0	94.73	36.52	9.48	420.52
	三聚氰胺	5.5	16.04	3.15	116.62	3.55	0	96.40	31.31	16.85	424.71
	水性漆	3.1	18.49	2.17	103.94	3.05	0	95.46	39.26	13.49	428.48
	素板	2.5	19.83	2.07	127.83	3.01	0	72.42	34.82	11.78	433.65
18mm 中密度 纤维板	PVC	3.3	16.66	2.10	118.02	2.77	0	86.34	40.05	8.19	425.41
	三聚氰胺	4.6	17.51	1.76	117.21	2.43	0	105.64	38.53	7.62	429.32
	水性漆	2.7	20.73	3.33	97.04	2.43	0	94.97	35.04	13.61	432.28
	素板	2.3	19.79	1.95	125.69	2.43	0	95.07	34.34	15.43	436.17

计算出饰面中密度纤维板的最大分指数 P、算术平均指数 Q 以及综合指数 I，见表 5-35。

表 5-35　开放条件下饰面中密度纤维板的最大分指数、算术平均指数、综合指数

项目	饰面材料	指数类型		
		最大分指数 P	算术平均指数 Q	综合指数 I
8mm 中密度纤维板	PVC	1.911455	0.506308	0.983760
	三聚氰胺	1.930500	0.545784	1.026468
	水性漆	1.947636	0.542203	1.027626
	素板	1.971136	0.535338	1.027241
18mm 中密度纤维板	PVC	1.933682	0.512028	0.995037
	三聚氰胺	1.951455	0.521956	1.009244
	水性漆	1.964909	0.558312	1.047394
	素板	1.982591	0.539759	1.034467

在拟合得到的综合指数 $I_{拟合}$ 为 1 的条件下计算得到对应板材的装载率大小，在该装载率条件下实际测得的综合指数 $I_{实际}$ 与前期通过数据拟合得到的综合指数 $I_{拟合}$ 之间的对比以及差值百分数见表 5-36。

表 5-36　开放条件下饰面中密度纤维板实验综合指数与拟合综合指数对比

项目	饰面材料	指数类型		
		$I_{实际}$	$I_{拟合}$	差值百分数（%）
8mm 中密度纤维板	PVC	0.983760	1.0	−1.6240
	三聚氰胺	1.026468	1.0	2.6468
	水性漆	1.027626	1.0	2.7626
	素板	1.027241	1.0	2.7241
18mm 中密度纤维板	PVC	0.995037	1.0	−0.4963
	三聚氰胺	1.009244	1.0	0.9244
	水性漆	1.047394	1.0	4.7394
	素板	1.034467	1.0	3.4467

根据表 5-36 可以看出，开放条件下，通过数据拟合得到的 I 值与实际实验得到的 I 值之间的误差均在 ±5% 以下，说明综合指数法可以较好地评价饰面中密度

纤维板对室内环境污染的情况，且拟合方程 $I = ax^b$ 可以较好地拟合装载率释放推荐值与综合指数 I 之间的关系，可以用来评价同品种饰面中密度纤维板的污染等级，对同品种的饰面中密度纤维板具有较好的适用性。

同理，密闭条件下计算得到的中密度纤维板不对人体健康造成危害的装载率释放推荐值应满足表 5-37。

表 5-37　密闭条件下 E1 级饰面中密度纤维板装载率释放推荐值

板材	综合指数 I	8mm 装载率释放推荐值 （m^2/m^3）	18mm 装载率释放推荐值 （m^2/m^3）
PVC 饰面中密度纤维板	1.0	0.4	0.4
三聚氰胺饰面中密度纤维板	1.0	0.4	0.4
水性漆饰面中密度纤维板	1.0	0.3	0.3
中密度纤维板素板	1.0	0.3	0.3

为了验证该释放模型在同种中密度纤维板材中具有普遍的适用性，分别裁取装载率为 $0.4m^2/m^3$、$0.4m^2/m^3$、$0.3m^2/m^3$ 和 $0.3m^2/m^3$ 的 8mm PVC 饰面中密度纤维板、三聚氰胺饰面中密度纤维板、水性漆饰面中密度纤维板和中密度纤维板素板及装载率为 $0.4m^2/m^3$、$0.4m^2/m^3$、$0.3m^2/m^3$ 和 $0.3m^2/m^3$ 的 18mm PVC 饰面中密度纤维板、三聚氰胺饰面中密度纤维板、水性漆饰面中密度纤维板和中密度纤维板素板作为验证实验的材料，在密闭条件下采用 15L 小型环境舱进行验证实验。其中 8mm 和 18mm PVC 饰面中密度纤维板、三聚氰胺饰面中密度纤维板、水性漆饰面中密度纤维板、中密度纤维板素板需要裁取的板材的具体尺寸分别为 6cm×6cm、7cm×5cm、11cm×2cm、9cm×3cm 和 10cm×3cm、8cm×4cm、7cm×3cm、8cm×3cm。实验测得的两种厚度不同饰面中密度纤维板所释放的苯、联苯、乙苯、萘、苯乙烯、甲苯、二甲苯、总醛类和 TVOC 浓度见表 5-38。

表 5-38　密闭条件下温度（23±1）℃，相对湿度 50%±5%条件下，饰面中密度纤维板 VOCs 单体和 TVOC 浓度（$\mu g/m^3$）

项目		装载率 （m^2/m^3）	苯	联苯	乙苯	萘	苯乙烯	甲苯	二甲苯	总醛类	TVOC
8mm 中密 度纤 维板	PVC	0.4	25.52	2.21	109.66	2.55	0	76.24	43.61	9.14	405.28
	三聚氰胺	0.4	21.93	3.84	98.06	1.27	0	78.66	40.06	25.20	442.45
	水性漆	0.3	21.49	2.89	90.84	3.09	0	73.61	38.06	19.77	422.90
	素板	0.3	23.68	2.43	102.12	3.20	0	74.98	44.97	12.57	406.82

续表

项目		装载率 （m²/m³）	苯	联苯	乙苯	萘	苯乙烯	甲苯	二甲苯	总醛类	TVOC
18mm 中密 度纤 维板	PVC	0.4	22.25	2.70	90.58	2.80	0	77.81	45.49	12.26	418.04
	三聚氰胺	0.4	25.58	2.50	102.09	2.61	0	87.97	43.92	8.13	418.22
	水性漆	0.3	22.53	2.37	95.85	2.18	0	78.86	40.13	15.51	429.67
	素板	0.3	24.79	1.95	105.69	2.43	0	85.07	44.34	9.43	415.16

计算出饰面中密度纤维板的最大分指数 P、算术平均指数 Q 以及综合指数 I，见表 5-39。

表 5-39　密闭条件下饰面中密度纤维板的最大分指数、算术平均指数、综合指数

项目	饰面材料	指数类型		
		最大分指数 P	算术平均指数 Q	综合指数 I
8mm 中密度纤维板	PVC	1.842182	0.552238	1.008624
	三聚氰胺	2.011136	0.538280	1.040459
	水性漆	1.922273	0.553442	1.031439
	素板	1.849182	0.559070	1.016770
18mm 中密度纤维板	PVC	1.900182	0.548014	1.020454
	三聚氰胺	1.901000	0.570436	1.041345
	水性漆	1.953045	0.539489	1.026473
	素板	1.887091	0.553494	1.022005

在拟合得到的综合指数 $I_{拟合}$ 为 1 的条件下计算得到对应板材的装载率大小，在该装载率条件下实际测得的综合指数 $I_{实际}$ 与前期通过数据拟合得到的综合指数 $I_{拟合}$ 之间的对比以及差值百分数见表 5-40。

表 5-40　密闭条件下饰面中密度纤维板实验综合指数与拟合综合指数对比

项目	饰面材料	指数类型		
		$I_{实际}$	$I_{拟合}$	差值百分数（%）
8mm 中密度纤维板	PVC	1.008624	1.0	0.8624
	三聚氰胺	1.040459	1.0	4.0459
	水性漆	1.031439	1.0	3.1439
	素板	1.016770	1.0	1.6770

续表

项目	饰面材料	指数类型		
		$I_{实际}$	$I_{拟合}$	差值百分数（%）
	PVC	1.020454	1.0	2.0454
18mm 中密度纤维板	三聚氰胺	1.041345	1.0	4.1345
	水性漆	1.026473	1.0	2.6473
	素板	1.022005	1.0	2.2005

根据表 5-40 可以看出，密闭条件下，通过数据拟合得到的 I 值与实际实验得到的 I 值之间的误差均在 ±5% 以下，说明综合指数法可以较好地评价饰面中密度纤维板对室内环境污染的情况，且拟合方程 $I = ax^b$ 可以较好地拟合装载率释放推荐值与综合指数 I 之间的关系，可以用来评价同品种饰面中密度纤维板的污染等级，对同品种的饰面中密度纤维板具有较好的适用性。

为保障人体健康，考虑到现代建筑密闭性较好，当环境相对密闭的办公室或卧室装修时，若采用该种饰面刨花板和饰面中密度纤维板进行室内装修，其室内装载率应当符合密闭条件下的装载率释放推荐值，应当低于表 5-29 和表 5-37 所规定的推荐值，从而保障人体健康和室内环境的绿色友好。

5.3　本章小结

（1）综合指数法可以很好地反映刨花板和中密度纤维板板材对室内空气质量的污染程度，综合指数 I 与刨花板和中密度纤维板装载率之间的拟合公式 $I = ax^b$ 可以用来预测随着装载率的变化，室内空气质量的变化情况，对同种品质的饰面刨花板和中密度纤维板空气污染等级拟合误差较小。

（2）随着刨花板和中密度纤维板厚度的增加，相同综合指数 I 值下的装载率释放推荐值减小，这说明板材厚度的增加会导致 VOCs 单体的浓度增加。

（3）相同的 I 值条件下，不同饰面材料中刨花板和中密度纤维板素板的装载率释放推荐值最低，其次是水性漆刨花板和水性漆中密度纤维板素板，再次是 PVC 饰面刨花板和中密度纤维板，三聚氰胺饰面刨花板和三聚氰胺饰面中密度纤维板的装载率释放推荐值最大。这与饰面材料自身的性质有关。与其他饰面材料相比，水性漆涂料由于本身的 VOCs 浓度较高，不宜在室内装修中大量使用；刨花板和中密度纤维板素板由于没有饰面材料的阻挡，板材内部的 VOCs 可以大量释放到居住环境中，且美观性和耐用性差，不适合作为室内装修材料；PVC 和三聚氰胺饰面刨花板以及 PVC 和三聚氰胺饰面中密度纤维板对板材内部的 VOCs 有较好的阻挡作用，无论是在开放还是密闭的条件下，装载率释放推荐值均高于其他饰面刨花板和中密度纤维板；PVC 饰面刨花板和 PVC 饰面中密度纤维板所释放的萘单体整体上高于三聚氰胺饰面刨花板和三聚氰胺饰面中密度纤维板，这是 PVC 饰面刨花板和 PVC 饰面中密度纤维板的 VOCs 释放总量低于三聚氰胺饰面板但是其装载率释放推荐值略低于三聚氰胺饰面板的原因。

（4）综合指数 I 值相同的条件下，开放的实验环境比密闭实验环境下的装载率释放推荐值高。

（5）密闭条件下，采用该品质的 8mm 和 18mm PVC 饰面刨花板、三聚氰胺饰面刨花板、水性漆饰面刨花板、刨花板素板进行室内装修时，其装载率释放推荐值建议不能高于 $0.5m^2/m^3$、$0.5m^2/m^3$、$0.3m^2/m^3$、$0.3m^2/m^3$ 和 $0.4m^2/m^3$、$0.4m^2/m^3$、$0.3m^2/m^3$、$0.3m^2/m^3$；采用中密度纤维板时则不能高于 $0.4m^2/m^3$、$0.4m^2/m^3$、$0.3m^2/m^3$、$0.3m^2/m^3$ 和 $0.4m^2/m^3$、$0.4m^2/m^3$、$0.3m^2/m^3$、$0.3m^2/m^3$。

参 考 文 献

舒爱霞，李孜军，邓艳星，等. 2010. 综合指数评价法在室内空气品质评价中的应用[J]. 化工装备技术，31（2）：60-62.

王昭俊. 2006. 室内空气环境[M]. 北京：化学工业出版社.

王超，赵彬，杨旭东. 2014. 一种评价挥发性有机物污染水平的室内空气质量健康指数[J]. 中南大学学报（自然科学版），（6）：2099-2104.

许瑛. 2004. 干建材挥发性有机化合物散发特性研究[D]. 北京：清华大学.

张科灵. 2011. 低浓度、大风量和成分复杂的有机废气的处理[J]. 科技促进发展，（12）：74-75.

Daisey J M，Hodgson A T，Fisk W J，et al. 1994. Volatile organic compounds in twelve California office buildings: Classes，concentrations and sources[J]. Atmospheric Environment，28（22）：3557-3562.

Jr C R，Therrien R. 1961. A comparison of the effectiveness of trifluoperazine and chlorprom in schizophrenia[J]. American Journal of Psychiatry，118：552-554.

Yang X，Li S，Peng W，et al. 2013. Volatile organic compounds in the environment and their harms[J]. Frontier Science，7（4）：21-35.

第6章 不同饰面人造板气味释放研究

影响室内人居环境的主要因素为家居装饰材料释放的 VOCs 和气味。其中，VOCs 的危害早已被医学界认定，而气味对环境的影响因其主观性和复杂性一直未得到确切的鉴定信息，但家居异味问题早已成为人类关注的热点问题。一些化合物在浓度低于现有标准限定值的情况下仍能产生异味。长期处于异味污染环境不仅会损害人类身体健康，可能造成眼、呼吸道、皮肤等刺激，以及中枢神经异常或心、肝、肾、脾、造血机能的功能障碍，还会导致不同程度的精神伤害，造成烦躁不安、精力难以集中等一系列问题。基于此，有必要将科学仪器与人类的嗅觉系统相结合，判定室内"异味物质"组成。

本章选用目前对室内气味影响较大的人造板素板及饰面人造板，在之前 VOCs 的研究基础上，从 VOCs 浓度和感官影响两方面评价材料对人居环境的影响，克服单一主观或者客观鉴定的局限性。

6.1 人造板释放气味物质分析方法

6.1.1 实验材料的选择

（1）本实验材料使用广州某知名企业刚生产的 PVC 贴面刨花板和三聚氰胺贴面板，密度为 $0.60g/cm^3$，含水率为 8%，产品规格为 1200mm×2440mm×8mm/18mm（长×宽×厚）。

（2）使用广州某工厂刚生产出的统一厚度刨花板作为实验基材，密度为 $0.60g/cm^3$，产品规格为 1200mm×1200mm×8mm（长×宽×厚）。分别涂饰硝基漆、醇酸清漆和水性漆，按照如下表面装饰要求，对刨花板进行贴面和涂饰处理：①贴面工艺。薄木贴面。贴面薄木为厚度为 0.25mm 的水曲柳薄木，具体施工工艺见表 6-1。②涂装工艺。薄木贴面后，使用平板砂光机（型号 DS-180）将基材表面进行砂光处理，砂光后用毛刷除去表面浮尘，分别使用三种不同的漆进行涂饰处理，相关工艺见表 6-2。

表 6-1 薄木热压施工工艺

名称	参数
施胶种类	脲醛树脂胶、乳白胶
施胶配比	脲醛树脂胶：乳白胶 = 60∶40
涂胶量	100g/m²
热压时间	3min
热压温度	100℃

表 6-2 涂装参数

种类	品牌及参数	施工方式	涂饰量	涂装工艺
硝基漆	紫荆花/透明底漆、白色面漆	刷涂	100g/m²	两遍底漆、两遍面漆
醇酸清漆	北京红狮/专用稀释剂	刷涂	100g/m²	两遍底漆、两遍面漆
水性漆	鑫乐天/透明底漆、天蓝色面漆、蒸馏水	刷涂	100g/m²	两遍底漆、两遍面漆

（3）本实验采用的材料为广州某工厂刚生产出的统一厚度胶合板素板和以相同素板作为基材的胶合板，板材密度为 0.5～0.6g/cm³，含水率为 9%～12%。贴面材料选用 PVC 和三聚氰胺浸渍纸。板材贴面热压温度为 186℃，热压压力为 21MPa，保压时间为 32s。产品规格为 2440mm×1220mm×8mm/18mm（长×宽×厚）。

实验前将板材裁剪成直径为 60mm 的圆形试件，样品均取同一板材相同或相近位置的材料以确保实验的稳定性，同一取样样品裁取 4 块。样品边部沿厚度方向用铝制胶带封边处理，以防止板材边部产生 VOCs 的高释放。封边后对板材进行真空密封处理，贴好标签纸，置于–30℃的冰箱中保存备用。

6.1.2 气味评价标准及方法

1. 采样装置与方法

1）采样装置

（1）微池热萃取仪：型号为 M-CTE250，产自英国 Markes 公司。该设备可检测和分析各种不同材料，调节温度范围为 0～250℃。微池热萃取仪（μ-CTE）包括 4 个圆柱形微池，每个微池深 36mm、直径 64mm，可同时测试 4 个样品的有机挥发物。在仪器的基础功能上，连接不锈钢水量瓶（圆柱形，直径为 100mm，高为 650mm），水量瓶上下两侧面开孔，分别连接微池热萃取仪和温湿度计，以调控湿度。由于微池热萃取仪的舱体体积固定，空气交换率与负荷因子之比的调节可通过控制气流量实现。加之微型热萃取仪本身具有的调温功能，所以本设备可实现同时调节温度、相对湿度和空气交换率与负荷因子之比的功能。

（2）Tenax-TA 吸附管（采样管）：英国 Markes 公司生产的 Tenax-TA 吸附管，长度为 89mm，外径为 6.4mm，内含 Tenax-TA（2,6-二苯呋喃多孔聚合物树脂）填料，两端配有铜帽。

（3）TP-5000 通用型热解析仪（老化仪）：产自北京北分天普仪器技术有限公司，可解脱附 Tenax 吸附管的检测物，清除样品分析完后管内的残留物。

2）采样方法

本实验由 4 个圆柱形微池同时进行样品采集。在设定条件下采集 4 份样品，留存待分析。测试前，首先用去离子水擦拭测试微池热萃取仪内壁 3 次，清洁后开电源，设置微池热萃取仪的采样条件，通入高纯氮气，烘干测试舱内壁。待测试舱参数到达设定值并稳定后，将解冻好的预处理实验样品置于微池热萃取仪中，关好舱门，保持舱体密封。先对装置进行气密性检查，检查无误后方可开始实验。以 8h 为采样循环周期，待循环一定时间样品稳定后，将 Tenax-TA 采样管插进测试舱采样管接头并拧紧（每个微舱上有一个专门插吸附管的插口），采样管的另一端由智能流量计接入，以测量采样速率。根据实验设定采样流量和采样时间，每天采样 2L 气体，直至 VOCs 释放达到平衡状态。采样结束后用铜帽密封 Tenax-TA 采样管两端，并用聚四氟乙烯塑料袋包裹好，留存待分析。关闭微池热萃取仪电源和高纯氮气阀门，取出测试舱内的试件放至通风良好的自然环境，留存待分析。采集好的样品以自动进样器和热解析仪相联合的方式对采样管内的 VOCs 进行热脱附进样，解析样品同时进入气相色谱-质谱（GC-MS）联用仪和 Sniffer 9100 嗅味检测仪。设备具体参数见表 6-3。

表 6-3　实验参数

实验参数	数值
暴露面积（m²）	5.65×10^{-3}
舱体体积（m³）	1.35×10^{-4}
装载率（m²/m³）	41.85
气体交换率与负荷因子之比[m³/(h·m²)]	0.5 ± 0.05
温度（℃）	23 ± 1
相对湿度（%）	40 ± 5

2. 分析装置与方法

1）分析装置

（1）热脱附全自动进样器：英国 Markes 公司 ultra 型号 100 位热脱附全自动

进样器。采用自动压力进样，可与实验室现有 Unity2 热脱附主机联机使用，通过现有热脱附主机软件直接控制，不同脱附管可自行设置其脱附方法。实现自动进样。

（2）热解析进样器：英国 Markes 公司 Unity 型号热脱附仪。可热脱附 Tenax-TA 吸附管中的 VOCs，与 GC-MS 同时连接，实现对 VOCs 的吹扫进样。

实验参数：冷阱吸附温度-15℃，载气为氦气，载气流量 30mL/min，解吸温度为 300℃，管路温度为 180℃，热脱附解析样品 10min，预吹扫 1min，进样时间为 1min。

（3）DSQⅡ气相色谱-质谱（GC-MS）联用仪：产自美国 Thermo 公司，具有分析数据快速准确、灵敏度高、可靠性和耐用性强的特点，可以高效分析 VOCs 的成分及浓度。

色谱参数：仪器色谱柱规格为 3000mm×0.26mm×0.25μm，型号 DB-5，石英毛细管柱。GC 进样口温度为 250℃。载气（He）流速：1.0mL/min（恒流）。不分流进样。程序升温：开始温度 40℃，保持 2min，以 2℃/min 速度升至 50℃，保持 4min，再以 5℃/min 速度升至 150℃，保持 4min，最后以 10℃/min 升至 250℃，保持 8min。

质谱参数：使用电离源方式进行电离，能量要求 70eV；离子源温度 230℃；传输线温度 250℃；扫描方式 Full Scan，扫描范围为 50～450u；接口温度 280℃；四极杆温度 150℃。

（4）Sniffer 9100 嗅味检测仪：由瑞士 Brechbuhler 公司生产，型号为 Sniffer 9100。传输管线加热保温，保证闻香口无冷点，无样品交叉污染；在分析时伴随着加湿处理，避免对感官评价员的鼻黏膜造成损伤。作为气相色谱技术的延伸，闻香器主要用于香气分析中各种气味来源的识别，为进一步判断气味物质的详细结构提供一个基础分析平台。

实验参数：GC 毛细管的流出物分为两部分，一部分进入质谱，另一部分用来进行感官评价（比例为 1∶1）；ODP 传输线温度 150℃；分流阀的补充气为 N₂，使用湿空气在嗅辨端口对流出气体进行加湿，以防止鼻黏膜脱水。

2）分析方法

（1）GC-MS 分析方法。

GC-MS 分析采用内标法（内标物 2μL，浓度 200ng/μL），实验数据处理由 Xcalibur 软件系统完成。由 NIST 和 Wiley 谱库鉴定挥发性成分，对正反匹配度均大于 800（最大值为 1000）的化合物进行报道。通过 Excel 数据处理系统，按面积归一化法求得 VOCs 中的各个组分及其含量。根据式（2-1）进行定量分析。

（2）GC-O 分析方法。

GC-O 感官评价员的实验过程如图 6-1 所示，参照标准 ISO 12219-7-2017，主要由感官评价员筛选、训练、测试、实验进行和再测试训练等部分组成。具体过程和环境标准要求如下。

（i）评价小组成员的选择。

筛选 20～30 周岁之间、嗅觉感知能力良好，无抽烟、使用重香味化妆品及嚼口香糖或槟榔嗜好，非过敏体质和慢性鼻炎患者的感官评价员进行如下实验。

配制 DPCA 标准正丁醇溶液，使用 4 个 1L 容量瓶分别配制 2mL/L、10mL/L、20mL/L、30mL/四种浓度的正丁醇溶液，

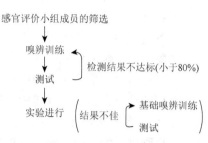

图 6-1　GC-O 感官评价员检测过程示意图

标记好配制时间和浓度，密封并隔热隔光放置在温度(23±2)℃、相对湿度 40%±10% 条件下，储存期限为 3 天。

测试前 1h，准备 DPCA 标准溶液：将（100±5）mL 的去离子水、2mL/L 正丁醇溶液、10mL/L 正丁醇溶液、20mL/L 正丁醇溶液、30mL/L 正丁醇溶液和 99.5% 正丁醇溶液分别置入 6 个 1L 广口玻璃瓶中。标记好溶液名称后放置于测试间。确保实验环境合格后方可进行检测，样品气味评价描述见表 6-4。

表 6-4　正丁醇溶液气味评价描述

溶液类型	等级分类	气味评价描述
去离子水	0 级	无异味、察觉不到
2mL/L 正丁醇溶液	1 级	可察觉、轻微强度
10mL/L 正丁醇溶液	2 级	可察觉、中等强度，但无刺激性
20mL/L 正丁醇溶液	3 级	强度较大、有刺激性味道
30mL/L 正丁醇溶液	4 级	强度很大、强烈的刺激性
99.5%正丁醇溶液	5 级	无法忍受

感官评价小组选拔要求：

对于不同等级的标准溶液，在试闻 10s 内能够正确描述气味特征；

第一次试闻标准溶液后，能够记住各自的区别特征，5min 后遮挡标签再次试闻不同等级标准溶液，能够在 10s 内正确区分气味等级，正确率高于 80%；

故意贴错标签，让选拔者试闻，选拔者能够正确指出错误，正确率高于 80%。

（ii）选定小组成员的训练与测试。

使用已知部分特征气味组分的木制品作为样品，令已确定的小组成员分别进行训练和测试。将实验结果和已知实验数据进行比较，并比较其重复性。

（iii）实验环境的要求。

密闭的实验环境，温度控制在（23±2）℃，相对湿度 40%±10%；

实验环境应避免周围环境的干扰（包括气味、粉尘、烟、振动、噪声、光等）；

具备能够确保空气更新的装置；

具备气味评价间独立的评价台，避免评价员在实验时相互影响；

感官评价员在实验室环境中至少适应 3~5min；

感官评价员在实验室环境中应感觉舒适。

（iv）确定的感官评价小组成员实验要求（参照标准 EN 13725）。

一旦确定评价小组，应尽量保持不变，以免影响实验的准确性；

在实验开始 10h 前，感官评价员不允许喷洒香水、除臭剂或使用化妆品、有香味的清洁用品；

实验开始 0.5h 前，感官评价员不允许进食、喝除水以外的饮品；

实验前清水洗手，感冒伤风、生病者不允许参与气味评价实验；

禁止进行任何可能对室内气味产生影响的活动；

禁止感官评价员在实验进行中比较实验结果；

感官评价员实验时应具有正确的实验动机。

（v）实验进行。

本实验选用 GC-O 分析方法中的时间强度法，样品进样，色谱出峰的同时，感官评价员从 ODP 端口感知并描述色谱柱流出组分，同时记录各流出组分的气味出现时间、气味类型、气味强度等信息。整理记录实验结果时，实验结果取至少两名感官评价员在同时间感知到的相同气味特征。气味强度结果则取感官评价员的平均值作为强度值。物质气味浓度的等级划分主要是以人的感觉来划分，本实验中感官评价员对气味强度的判别参考日本标准，详见表 6-5。

表 6-5　气味强度判别标准（日本）

臭气强度（级）	0	1	2	3	4	5
表示方法	无臭	勉强可感觉出的气味（检测阈值）	稍可感觉出的气味（认定阈值）	易感觉出的气味	较强的气味（强臭）	强烈的气味（剧臭）

（3）化合物保留指数分析方法。

通过计算得到化合物的保留指数：

$$IT = 100z + 100[TR(x)-TR(z)]/[TR(z+1)-TR(z)] \qquad (6-2)$$

其中，$TR(x)$，$TR(z)$，$TR(z+1)$分别代表组分及碳数为 z，$z+1$ 正构烷的保留时间。即通过化合物与相同条件下系列前后正构烷烃的保留时间计算得到保留指数，存

在关系 $TR(z) < TR(x) < TR(z+1)$。

6.2　饰面人造板物质鉴定及厚度影响分析

6.2.1　人造板素板气味物质鉴定及组分分析

1. 刨花板素板气味分析

为方便分析，特列出 8mm 刨花板素板释放主要成分（表 6-6）和气味特征化合物组分（表 6-7）。可以发现，芳香烃化合物为刨花板素板的主要释放组分，种类最多。刨花板素板中呈现气味特征的同样为芳香烃化合物，但气味强度普遍不高。除此之外还有少量醛类和酯类物质。

表 6-6　刨花板素板释放主要成分

分类	主要成分
芳香烃化合物	苯、甲苯、乙苯、1,3-二甲基苯、乙烯、1-乙基-2-甲基苯、丙基苯、1-乙基-3-甲基苯、1-乙基-4-甲基苯、1,2,4-三甲基苯、1-甲基-2-（1-甲基乙基）-苯、1-亚甲基-1H-茚、1,2-苯并异噻唑、己基苯、1-甲基-萘、苊、芴、菲、邻苯二甲酸二丁酯
烷烃	六甲基环三硅氧烷、八甲基环四硅氧烷、十一烷、十二甲基环六硅氧烷
酮类	（1S）-1,7,7-三甲基-双环[2.2.1]庚-2-酮
酯类	乙酸丁酯
醇类	2-乙基-1-己醇
醛类	己醛、壬醛
烯烃	2,6,6-三甲基-双环[3.1.1]庚-2-烯、D-柠檬烯

在检测到的化合物中，呈现气味特征的化合物共 12 种，详细信息见表 6-7。可以看出，芳香烃化合物为刨花板素板的主要气味物质来源，另外还有少量的醛类、酯类和烯烃类化合物表现为气味贡献物质。刨花板素板中，气味强度呈现相对较强的气味特征的化合物有：1,3-二甲基苯（芳香甜味；2）、苯乙烯（炭味、奶油味；3）、1-亚甲基-1H-茚（微苦；油脂味；2）、己醛（淡甜；2）。气味强度呈现可感觉的气味特征化合物有：苯（焦味；1）、乙苯（芳香；1）、1-甲基-萘（麦香；1）、壬醛（油脂香、花香、清新；1）、乙酸丁酯（清甜果香；1）。另外还有几种具有气味特征的化合物因为过低的浓度而在本实验中没有呈现气味，分别为：1-乙基-2-甲基苯（混杂气味；0）、1,2,4-三甲基苯（芳香；0）、D-柠檬烯（柠檬味；0）。

表 6-7 刨花板素板气味特征化合物组分

化合物	保留时间（min）	保留指数	质量浓度（μg/m³）	气味特征	气味强度
芳香烃化合物					
苯	6.42	642	4.56	焦味	1
乙苯	15.00	849	187.25	芳香	1
1,3-二甲基苯	15.46	858	152.56	芳香甜味	2
苯乙烯	16.37	875	101.16	炭味、奶油味	3
1-乙基-2-甲基苯	18.25	912	2.42	混杂气味	0
1,2,4-三甲基苯	21.38	981	4.15	芳香	0
1-亚甲基-1H-茚	28.13	1165	75.60	微苦、油脂味	2
1-甲基-萘	31.67	1340	9.44	麦香	1
醛类					
己醛	11.20	775	6.25	淡甜	2
壬醛	25.43	1085	3.31	油脂香、花香、清新	1
酯类					
乙酸丁酯	12.39	800	20.47	清甜果香	1
烯烃类					
D-柠檬烯	23.09	1023	3.36	柠檬味	0

由图 6-2 可以发现：刨花板素板的气味出现时间分布在 5～33min，主要集中在 10～15min。在 17min 左右出现板刨花板素板释放物质中气味强度最大的物质，气味强度为 3。刨花板素板的气味强度相对不高，仅有一种气味强度为 3 的物质出现，其他物质气味强度多呈现为 1 和 2。

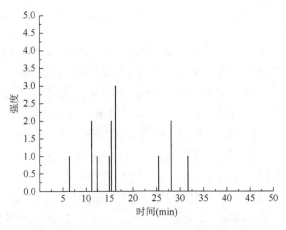

图 6-2　8mm 刨花板素板气味时间-强度谱图

图 6-3 为刨花板素板初始状态及平衡状态 VOCs 及气味特征化合物浓度组分百分比情况。实验发现：在释放初始状态，刨花板素板 VOCs 及气味特征化合物浓度占比最高的均为芳香烃化合物，分别占 82.46% 和 94.15%。在刨花板素板 VOCs 组分中，占比相对较高的为烷烃，占 10.27%。另外还有少量的酮类、酯类、醇类、醛类和烯烃类物质，分别占 1.96%、2.47%、0.60%、1.15%、1.09%。在刨花板素板特征气味物质组分中，其次占比相对较高的为酯类物质，为 3.59%。另外还有 1.68% 的醛类和 0.59% 的烯烃类气味特征组分出现。在释放的平衡状态，刨花板素板 VOCs 及气味特征化合物浓度占比最高的同样为芳香烃化合物，分别占 50.26% 和 71.36%。在刨花板素板 VOCs 组分中，占比相对较高的为酯类物质，占 28.02%。另外还有少量的烷烃、醇类和醛类物质，分别占 15.26%、2.87%、3.59%。在刨花板素板特征气味物质组分中，占比相对较高的为酯类物质，为 25.78%。另外还有 2.86% 的醛类气味特征组分出现。研究发现，随着时间的推移，刨花板素板 VOCs 组分中烷烃、酯类、醇类和醛类物质的释放相对加剧，而芳香烃化合物、酮类和烯烃类物质的释放逐渐减弱。在初始状态出现的酮类和烯烃类物质随着时间的推移逐渐得到释放，在平衡状态没有检测到这两种物质。

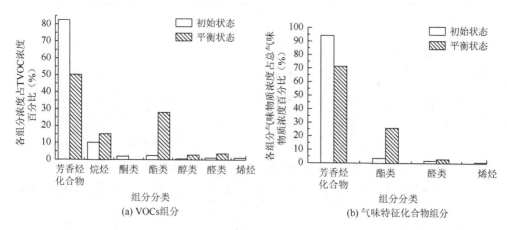

(a) VOCs组分　　　　　　　　　　(b) 气味特征化合物组分

图 6-3　刨花板素板初始状态及平衡状态 VOCs 及气味特征化合物浓度组分百分比

2. 胶合板素板气味分析

在一定环境条件下［温度（23±1）℃、相对湿度 40%±5%、空气交换率与负荷因子之比 0.5m³/(h·m²)］，通过微池热萃取技术采集 8mm 胶合板素板中的 VOCs，利用 GC-MS/O 技术对板材中 VOCs 进行定性定量分析。

表 6-8 和表 6-9 为 8mm 胶合板素板释放主要成分和气味特征化合物组分。可以发现，芳香烃化合物为胶合板素板的主要释放组分，种类最多；烷烃类种类较多。胶合板素板中呈现气味特征的化合物种类多的同样为芳香烃化合物，气味强度

相对较高，而烷烃中只有 2, 3, 4-三甲基癸烷呈现气味特征。除此之外还有一些醛类和少量酯类物质呈现气味特征。

表 6-8　胶合板素板释放主要成分

类别	主要成分
芳香烃化合物	苯、甲苯、乙苯、1, 3-二甲基苯、联苯、1-甲基萘、2-甲基萘、1, 7-二甲基萘、菲、1, 5-二甲基萘、芘、1H-非那烯、二苯并呋喃、1-亚甲基-1H-茚
烷烃	2, 2, 4, 6, 6-五甲基庚烷、癸烷、2, 2, 4, 4-四甲基辛烷、2, 2, 7, 7-四甲基辛烷、2, 3, 4-三甲基癸烷、十一烷、十二烷
烯烃	苯乙烯
醛类	己醛、苯甲醛、壬醛、癸醛
酮类	2-甲基环戊酮
酯类	邻苯二甲酸二丁酯
其他	苯酚

表 6-9　胶合板素板气味特征化合物组分

化合物	保留时间（min）	保留指数	质量浓度（μg/m³）	气味特征	气味强度	定性方法
芳香烃化合物						
苯	5.52	600.91	19.43	焦香	2	MS，RI，odor
1, 3-二甲基苯	14.52	840.00	21.21	芳香甜味	3	MS，RI，odor
2-甲基萘	32.29	1392.37	11.40	麦香	2.3	MS，RI，odor
联苯	34.74	1436.70	11.61	尖刺的烟味	4	MS，RI，odor
芘	38.25	1491.29	15.71	清香甜	1.4	MS，RI，odor
二苯并呋喃	39.13	1514.68	32.75	芳香	2	MS，RI，odor
醛类						
己醛	10.46	759.06	8.74	芳香	1.7	MS，RI，odor
苯甲醛	19.30	934.97	11.55	芳香	2	MS，RI，odor
壬醛	25.16	1078.19	14.63	酸味	1	MS，RI，odor
烷烃						
2, 3, 4-三甲基癸烷	24.04	1078.19	8.74	水果香	1	MS，RI，odor
酯类						
邻苯二甲酸二丁酯	46.21	1786.32	16.02	芳香	2	MS，RI，odor

注：RI. 保留指数；MS. 参照谱库检索结果定性；odor. 根据嗅闻气味特征定性。

在检测的化合物中，呈现气味特征的化合物共 11 种，详细信息见表 6-9。可以发现，胶合板素板的主要气味来源为芳香烃化合物，另外还有少量的醛类、烷烃、酯类化合物。胶合板素板中，气味强度呈现较强的气味特征的化合物有：联苯（尖刺的煳味；4）；气味呈现易感觉出的气味特征的化合物有：1,3-二甲基苯（芳香甜味；3）、2-甲基萘（麦香；2.3）；气味呈现稍可感觉出的气味特征的化合物有：苯（焦香；2）、二苯并呋喃（芳香；2）、苯甲醛（芳香；2）、己醛（芳香；1.7）、邻苯二甲酸二丁酯（芳香；2）、苊（清香甜；1.4）；气味呈现勉强可感觉出的气味特征的化合物有：壬醛（酸味；1）；2,3,4-三甲基癸烷（水果香；1）。

由图 6-4 可以看出，胶合板素板气味出现的时间相对不集中，每个时间段均有气味特征化合物出现，并且胶合板素板气味强度中仅有两种物质气味强度较高，一种出现在 15min 左右，气味强度为 3，另一种出现在 25min 左右，气味强度为 4，其他气味物质多呈现气味强度为 1 或 2。

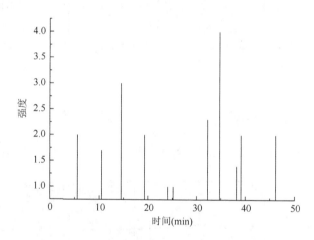

图 6-4　胶合板素板气味时间-强度谱图

表 6-10 为 8mm 胶合板素板释放的 VOCs 组分。胶合板素板释放的 VOCs 中芳香烃和烷烃浓度较高，醛类、酮类、烯烃及酯类次之，另外还有少量的苯酚释放。胶合板素板释放的气味特征化合物中释放量最高的为芳香烃类化合物，其次为烷烃、醛类和酯类。胶合板素板中酮类和烯烃类物质未呈现出气味特征。

表 6-10　8mm 胶合板素板 VOCs 组分分析（$\mu g/cm^3$）

化合物	芳香烃类	烷烃类	醛类	酮类	烯烃	酯类	其他	TVOC
VOCs	245.03	444.64	47.29	3.42	29.79	16.02	41.67	827.91
气味物质	133.00	8.74	34.92	0	0	16.02	0	192.68

　　图 6-5 为胶合板素板初始状态及平衡状态 VOCs 及气味特征化合物组分百分比情况。释放初期，胶合板素板 VOCs 组分中烷烃占比最高，占比为 53.71%，其次还有少量的芳香烃、醛酮类、烯烃、酯类化合物出现，占比分别为 29.60%、6.12%、3.60%、1.94%；胶合板素板气味特征组分中芳香烃占比最高，占比为 70.92%，其次占比较高的为烯烃类，占比为 20.77%，还有少量的（8.31%）酯类物质。释放平衡状态，胶合板素板 VOCs 组分及气味组分中占比最高的均为芳香烃化合物，

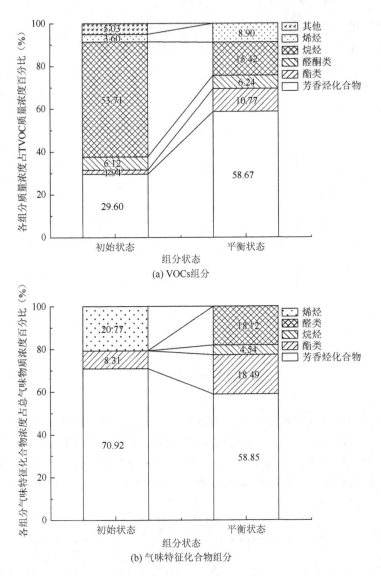

图 6-5　胶合板素板初始状态及平衡状态 VOCs 及气味特征化合物释放趋势对比

占比分别为 58.67%和 58.85%。其次释放平衡状态中烷烃、酯类、烯烃、醛酮类化合物在胶合板素板 VOCs 组分中占比较高，分别为 15.42%、10.77%、8.90%和6.24%。胶合板素板在平衡状态释放的气味特征化合物中还有酯类、醛类、烷烃类物质，占比分别为 18.49%、18.12%和 4.54%。对比发现，胶合板素板 VOCs 组分随时间的推移，芳香烃化合物释放的比重有所增加，而烷烃类化合物释放的质量浓度比重下降明显；胶合板素板气味特征化合物组分中，烯烃类化合物在平衡状态下未呈现出气味特征，且芳香烃化合物的释放逐渐减弱，而初始状态下未出现的醛类、烷烃类气味物质随着时间的推移逐渐释放出来。

6.2.2　PVC 贴面人造板气味组分分析及厚度影响

1. PVC 贴面刨花板气味及厚度影响分析

1）PVC 贴面刨花板气味物质的鉴定及危害物质分析

通过微池热萃取仪在常温常湿条件下［温度（23±1）℃、相对湿度 40%±5%］采集 8mm PVC 贴面刨花板的气味物质，通过 GC-MS/O 技术进行检测分析，联合运用 GC-MS 内标法和感官嗅觉分析法对板材释放物质进行定性定量分析。图 6-6为 PVC 贴面刨花板气味时间-强度谱图。

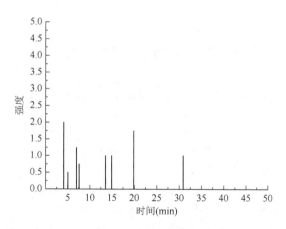

图 6-6　8mm PVC 贴面刨花板气味时间-强度谱图

由图 6-6 可以发现：相比于刨花板素板，PVC 贴面刨花板释放物质的最大气味强度降低，气味出现时间相对不集中，主要分布在 5～30min 左右，35min 以后不再有气味出现。PVC 贴面刨花板的气味强度普遍不高，平均强度在 1 左右。在4min 和 20min 左右达到气味强度最大值，气味强度为 2 左右。

由表 6-11 可以发现：在 PVC 贴面刨花板释放组分中，种类最多的为芳香烃化合物和酯类物质，其次为烷烃和酮类，另外还有少数几种醇类、醛类和烯烃类物质。

表 6-11 PVC 贴面刨花板释放主要成分

类别	主要成分
芳香烃化合物	苯、甲苯、乙苯、1,3-二甲基苯、对二甲苯、1-乙基-3-甲基苯、1-乙基-4-甲基苯、1,3,5-三甲基苯、1,2,3-三甲基苯、1-亚甲基-1H-茚、1-甲基-萘、二苯并呋喃
烷烃	二甲氧基甲烷、3-亚甲基庚烷、2,2,4,6,6-五甲基庚烷、癸烷
酮类	丙酮、2-丁酮、甲基异丁基酮、2-甲基-环戊酮、（1S）-1,7,7-三甲基-双环[2.2.1]庚烷-2-酮
酯类	2-甲基-2-丙烯酸甲酯、乙酸-1-甲基丙酯、乙酸-2-甲基丙酯、乙酸丁酯、乙酸-1-甲基丁酯、2-甲基-2-丙烯酸丁酯、乙酸乙酯
醇类	2-丁醇、2-甲基-1-丙醇
醛类	己醛
烯烃	2-丁烯、3,6,6-三甲基-二环[3.1.1]庚-2-烯

根据世界卫生组织外来化合物急性毒性分级（表 2-3），将毒性分为剧毒、高毒、中毒、低毒、微毒和无毒六个等级。表 6-12 为 PVC 贴面刨花板气味特征化合物组分分类及特征气味化合物的相关信息，包括毒性分级和气味物质可能来源。

表 6-12 PVC 贴面刨花板气味特征化合物组分

化合物	保留时间（min）	质量浓度（μg/m³）	毒性分级	气味特征	气味强度	气味物质可能来源
芳香烃化合物						
苯	5.05	3.73	低毒	焦味	0.5	刨花板本身释放
1,3-二甲基苯	13.55	43.00	低毒	清香	1	刨花板本身释放
对二甲苯	13.63	13.62	微毒	刺激性、芳香	0	PVC 薄膜涂层剂、胶黏剂
1,3,5-三甲基苯	19.88	4.63	低毒	混杂气味	1.75	聚酯树脂的稳定剂
1-亚甲基-1H-茚	27.32	9.53	低毒	微苦、油脂味	0	刨花板本身释放
1-甲基萘	30.90	4.55	低毒	麦香	1	刨花板本身释放
二苯并呋喃	38.36	2.41	低毒	杏仁味、甘草香	0	PVC 制备高温润滑剂
酮类						
丙酮	3.34	6.39	微毒	特殊辛辣	0	胶黏剂清洗剂
2-丁酮	4.11	7.27	低毒	刺激性辛辣甜味	2	胶黏剂清洗剂
甲基异丁基酮	6.97	64.00	低毒	愉快芳香	1.25	胶黏剂
2-甲基环戊酮	14.96	92.44	低毒	泥土味	1	溶剂

续表

化合物	保留时间 （min）	质量浓度 （μg/m³）	毒性 分级	气味特征	气味 强度	气味物质可能来源
酯类						
乙酸-1-甲基丙酯	7.60	230.67	微毒	清甜果香	0.75	PVC 制备
乙酸-2-甲基丙酯	8.30	1.20	微毒	清甜果香	0	PVC 制备
乙酸丁酯	10.27	18.38	微毒	清甜果香	0	刨花板本身释放、有机溶剂
乙酸乙酯	4.31	5.84	微毒	清甜香	0	胶黏剂溶剂
醇类						
2-丁醇	4.19	1.38	低毒	酸涩气味	0	胶黏剂清洗剂、PVC 增塑剂、助溶剂
醛类						
己醛	9.50	5.10	低毒	青草香	0	刨花板本身释放

实验发现：在检测到的 33 种化合物中，呈现气味特征的化合物共有 17 种。PVC 贴面刨花板释放的气味特征物质全部属于微毒到低毒的范围。芳香烃化合物、酮类和酯类为 PVC 贴面刨花板主要气味物质来源，另外还有少量醇类和醛类物质同样表现为特征气味化合物。

在 PVC 贴面刨花板释放的气味特征物质中，芳香烃化合物多呈现植物香味，毒性多表现为低毒（仅对二甲苯属于微毒分级）。芳香烃化合物主要来源于刨花板本身的释放、PVC 薄膜涂层剂的原料、聚酯树脂的稳定剂、热压过程中使用的胶黏剂以及 PVC 制备中使用的高温润滑剂。例如，表现为微毒的对二甲苯可能来源于 PVC 薄膜涂层剂的原料和胶黏剂，因为对二甲苯常用于生产制备 PVC 薄膜涂层剂和胶黏剂的树脂。同时 1, 3, 5-三甲基苯常用于聚酯树脂稳定剂以使其获得更好的稳定性。二苯并呋喃是一种高温润滑剂，塑料加工过程中起着一定的作用，能够改善树脂的流动性以及相关制品的脱模性。酮类物质呈现泥土、芳香及辛辣气味，毒性表现为微毒和低毒，主要来源为胶黏剂清洗剂、胶黏剂制备以及溶剂的使用。例如，丙酮和 2-丁酮作为重要的稀释剂和清洗剂，可用于清洗高温热压后 PVC 贴面板边部残留的胶黏剂。甲基异丁基酮可用于胶黏剂的制备，而 2-甲基环戊酮可作为溶剂使用。酯类物质多呈现为果香，毒性表现为微毒。其主要来源为 PVC 的制备、胶黏剂溶剂以及刨花板本身的释放。例如，乙酸-1-甲基丙酯和乙酸-2-甲基丙酯用于塑料的制造，而乙酸乙酯常用于黏合剂溶剂。乙酸丁酯同样出现在刨花板素板的检测结果中，说明这种物质可能来源于刨花板本身的释放，同时它也可能来源于有机溶剂。仅有一种物质出现的醇类表现为酸涩气味，属于低毒分级。其来源可能为胶黏剂清洗剂的使用、PVC 增塑剂和助溶剂的添加。同样仅有一种物质出现的醛类物质表现为青草香,属于低毒分级,来源于刨花板本身的释放。

对比发现,应对结果中所检测到的苯、对二甲苯、乙酸丁酯、2-丁醇加以重视,这些物质属于标准 UL 2821-2013 中列出的"在办公家具 VOCs 释放中占前10%的化合物"。对比表中物质的质量浓度和气味强度,可以发现:相同气味强度的化合物其浓度差异很大,说明不同气味特征化合物的气味强度和其浓度并没有直接的相关性。但是,同一种气味特征化合物的质量浓度会一定程度上影响其气味强度的大小。韦伯-费希纳定律也表明这样一种关系:一种物质的气味强度大小和其化学浓度的大小的对数呈现正比关系。所以当浓度低于某一特定值,感官评价员嗅觉上将无法感觉到化合物。例如,对二甲苯(刺激性、芳香)、1-亚甲基-1H-茚(微苦、油脂味)、二苯并呋喃(杏仁味、甘草香)、丙酮(特殊辛辣)等本具有气味特征的物质,因其浓度过低,感官评价员无法检测到。

2)不同厚度 PVC 贴面刨花板 VOCs 及气味释放水平分析

使用微池热萃取仪在常温常湿条件下[温度(23±1)℃、相对湿度40%±5%],对不同厚度 PVC 贴面刨花板释放 VOCs 及气味进行检测,直至达到平衡状态。得到的 TVOC 释放浓度和总气味释放强度如表 6-13 所示。

表 6-13　不同厚度 PVC 贴面刨花板、刨花板素板 TVOC 释放浓度及总气味释放强度

时间 (d)	8mm PVC 贴面刨花板		18mm PVC 贴面刨花板		8mm 刨花板素板		18mm 刨花板素板	
	TVOC 释放浓度($\mu g/m^3$)	总气味释放强度	TVOC 释放浓度($\mu g/m^3$)	总气味释放强度	TVOC 释放浓度($\mu g/m^3$)	总气味释放强度	TVOC 释放浓度($\mu g/m^3$)	总气味释放强度
1	717.84	9.25	824.37	10.00	833.58	14.00	1383.27	15.25
3	425.56	6.25	518.26	6.50	646.25	10.00	978.26	12.00
7	268.25	5.50	364.41	5.25	506.33	7.75	758.11	8.50
14	206.87	5.00	276.58	5.00	408.69	6.25	598.22	7.25
21	184.22	5.25	215.23	5.50	305.27	4.50	415.29	5.25
28	145.26	4.75	236.26	5.25	246.29	4.00	339.20	4.50

由表 6-13 可得到不同厚度 PVC 贴面刨花板、刨花板素板在标准环境下 TVOC 及气味释放情况随时间变化的关系,如图 6-7 所示。

实验发现:不同厚度 PVC 贴面刨花板 TVOC 质量浓度及总气味强度释放规律基本一致,在标准环境下,释放初期 TVOC 质量浓度和总气味强度均为释放最高值,随着时间的推移逐渐下降,直至达到一个平衡的状态。之所以会出现下降的趋势,是因为在释放初期,外界环境 VOCs 与内部 VOCs 的浓度存在比较大的浓度差,根据传质原理,在内外浓度差还存在时,板材内部 VOCs 不会停止释放。两种不同厚度 PVC 贴面刨花板的 TVOC 质量浓度和总气味强度整体上均低于相同厚度的刨花

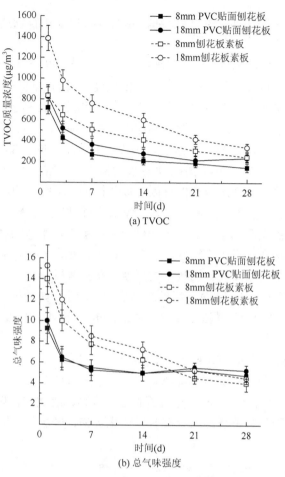

(a) TVOC

(b) 总气味强度

图 6-7　不同厚度 PVC 贴面刨花板、刨花板素板 TVOC 及气味释放趋势

板素板，如在初始状态，8mm PVC 贴面刨花板相比相同厚度刨花板素板 TVOC
质量浓度降低了 115.74μg/m³、总气味强度降低了 4.75。18mm PVC 贴面刨花板
相比同厚度刨花板素板 TVOC 释放总量低 558.90μg/m³、总气味强度降低了 5.25。
在平衡状态，8mm PVC 贴面刨花板相比同厚度刨花板素板 TVOC 质量浓度降低
了 101.03μg/m³、总气味强度升高了 0.75。18mm PVC 贴面刨花板相比同厚度刨
花板素板 TVOC 质量浓度降低了 102.94μg/m³、总气味强度升高了 0.75。这说明
在初始阶段，PVC 贴面能够一定程度上有效阻碍刨花板本身 VOCs 和气味的释
放，随着时间的推移，释放逐渐达到平衡状态，在平衡状态时 PVC 贴面刨花板
的 TVOC 质量浓度仍低于同厚度刨花板素板，但总气味强度相比同厚度刨花板
素板稍高。产生这种现象的原因是在释放后期，刨花板素板内的气味特征化合
物相比 PVC 贴面刨花板的气味特征化合物下降更快，此时刨花板素板内的气味

特征化合物迅速下降，而 PVC 贴面刨花板的气味特征化合物达到一种相对平衡的状态，变化不大。

对比两种不同厚度的 PVC 贴面刨花板，发现当厚度变大时，PVC 贴面刨花板的 TVOC 质量浓度和总气味强度也在一定程度上增加，但总气味强度相差不大。18mm PVC 贴面刨花板 TVOC 质量浓度和总气味强度始终高于 8mm PVC 贴面刨花板，在初始状态，18mm PVC 贴面刨花板 TVOC 质量浓度比 8mm PVC 贴面刨花板多释放 106.53μg/m³、总气味强度高 0.75。在平衡状态，18mm PVC 贴面刨花板 TVOC 质量浓度比 8mm PVC 贴面刨花板多释放 91.00μg/m³、总气味强度高 0.5。

产生这种现象的原因是两种板材刨花板基材厚度不同，相比 8mm 的刨花板，18mm 的刨花板本身会释放更多 VOCs。PVC 贴面刨花板的 TVOC 始终小于相同厚度的刨花板素板说明贴面能够一定程度上阻碍刨花板本身的释放，但由于本身的空隙结构不能够完全阻止其释放，厚度大的贴面板的 TVOC 质量浓度和总气味强度均大于厚度小的贴面板。比较不同厚度刨花板素板释放 TVOC 的情况发现，在初始阶段，厚度对 PVC 贴面刨花板的影响大大减小，如两种不同厚度刨花板素板初始状态释放 TVOC 质量浓度相差 549.69μg/m³，而不同厚度 PVC 贴面刨花板只相差 106.53μg/m³。

3）PVC 贴面刨花板 VOCs 及气味释放组分分析

图 6-8 为 PVC 贴面刨花板初始状态及平衡状态 VOCs 及气味释放组分百分比情况。PVC 贴面刨花板的释放组分有芳香烃化合物、醛酮类、烷烃、酯类、烯烃和醇类。其中呈现气味特征的组分有芳香烃化合物、醛酮类、酯类和醇类。

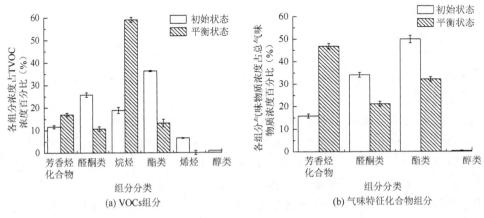

图 6-8　PVC 贴面刨花板初始状态及平衡状态 VOCs 及气味特征化合物组分百分比

由图 6-8（a）可以看出，初始状态 PVC 贴面刨花板的 VOCs 组分占比由大到小分别为：酯类、醛酮类、烷烃、芳香烃化合物、烯烃和醇类，占比分别为 36.36%、

25.75%、18.87%、11.6%、6.52%和 0.90%。平衡状态 PVC 贴面刨花板的 VOCs 组分占比由大到小分别为：烷烃、芳香烃化合物、酯类和醛酮类，对应占比分别为59.09%、16.98%、13.22%和10.71%。随着时间的推移，VOCs 组分中醛酮类、酯类、烯烃和醇类的占比下降，烯烃和醇类在平衡状态完全释放完毕，芳香烃化合物和烷烃占 TVOC 百分比增加。

由图 6-8（b）可以发现，初始状态 PVC 贴面刨花板的特征气味化合物组分浓度占比由大到小分别为：酯类、醛酮类、芳香烃化合物和醇类，占比分别为49.81%、34.07%、15.85%和0.27%。平衡状态 PVC 贴面刨花板的特征气味化合物组分浓度占比由大到小分别为：芳香烃化合物、酯类和醛酮类，对应占比分别为46.76%、32.13%和21.11%。随着时间的推移，芳香烃化合物的占比升高，醛酮类和酯类物质占比下降。在初始阶段，酯类物质对 PVC 贴面刨花板气味影响较大，当达到平衡状态时，芳香烃化合物影响更大。

2. PVC 贴面胶合板气味及厚度影响分析

1）PVC 贴面胶合板气味物质的鉴定及危害物质分析

在温度（23±1）℃、相对湿度 40%±5%和空气交换率与负荷因子之比0.5m³/(h·m²)条件下，利用 GC-MS/O 技术对 8mm PVC 贴面胶合板中的 VOCs 进行定性定量分析。表 6-14 和表 6-15 分别为 8mm PVC 贴面胶合板主要成分和气味特征化合物组分。

表 6-14　PVC 贴面胶合板释放主要成分

分类	主要成分
芳香烃化合物	苯、甲苯、乙苯、1,3-二甲基苯、1-亚甲基-1H-茚、2-甲基萘、联苯、1,7-二甲基萘、苊、二苯并呋喃、芴
烷烃	2,2,4,6,6-五甲基庚烷、癸烷、2,2,4,4-四甲基辛烷、2,2,7,7-四甲基辛烷、2,3,4-三甲基癸烷、十一烷、十二烷
烯烃	苯乙烯
醛类	己醛、苯甲醛、壬醛、癸醛
酮类	2-甲基环戊酮
酯类	邻苯二甲酸二丁酯
其他	苯酚

由表 6-14 可以发现：PVC 贴面胶合板释放了共 26 种物质，其中芳香烃化合物的释放种类最多，其次是烷烃类物质，还有少量的烯烃、醛类、酮类和酯类等物质释放出来。与胶合板素板释放物相比，PVC 贴面胶合板 VOCs 种类减少了 3 种。产生这种现象的原因是 PVC 贴面一定程度上阻止了胶合板素板物质的释放。

表 6-15　PVC 贴面胶合板气味特征化合物组分

化合物	保留时间（min）	保留指数	质量浓度/（μg/cm³）	气味特征	气味强度	定性方法
芳香烃						
苯	5.67	607.76	6.67	烤香	1	MS，RI，odor
1-亚甲基-1H-茚	28.35	1171.60	14.23	微苦	2	MS，RI，odor
2-甲基萘	31.96	1364.41	14.98	麦香	3	MS，RI，odor
1,7-二甲基萘	36.06	1457.23	8.15	混杂气味	2	MS，RI，odor
二苯并呋喃	39.30	1522.48	41.48	杏仁味	1	MS，RI，odor
芴	40.83	1592.66	45.86	芳香	1	MS，RI，odor
菲	44.38	1740.80	26.97	芳香	2	MS，RI，odor
烷烃						
2,2,7,7-四甲基辛烷	20.74	967.04	30.89	花香	1	MS，RI，odor
醇类						
2-乙基-1-己醇	22.35	1003.46	23.53	烧焦味	2	MS，RI，odor
酯类						
邻苯二甲酸二丁酯	46.36	1790.05	12.10	臭味	1	MS，RI，odor

注：RI. 保留指数；MS. 参照谱库检索结果定性；odor. 根据嗅闻气味特征定性。

　　由表 6-15 可知，PVC 贴面胶合板释放的 27 种物质中有 10 种物质呈现出气味特征。芳香烃类化合物为 PVC 贴面胶合板的主要气味来源，另外还有少量的烷烃、醇类和酯类物质表现为气味特征化合物。在 PVC 贴面胶合板释放的气味特征化合物中，芳香烃化合物多呈现为植物性芳香，如气味强度最高的 2-甲基萘呈现出麦香的气味特征，其可能来源于树种生长过程中使用的植物生长调节剂以及三聚氰胺浸渍纸生产过程中使用的表面活性剂、增塑剂和分散剂。与胶合板素板相比，PVC 贴面胶合板释放的气味特征化合物出现了醇类物质，其物质是 2-乙基-1-己醇，其可能来源于三聚氰胺浸渍纸生产过程中使用的增塑剂、消泡剂以及生产胶黏剂时使用的溶剂。但是胶合板素板中出现的醛类气味特征化合物在 PVC 贴面中没有呈现，说明 PVC 贴面材料对醛类物质具有一定的封闭作用，抑制自身释放的醛类物质，从而降低了板材的整体气味。因此，胶合板自身的释放、PVC 贴面材料、贴面材料上的胶黏剂和添加剂等方面共同作用于 PVC 贴面胶合板气味化合物的释放。

　　由图 6-9 可以发现，相比胶合板素板，经过 PVC 贴面处理后，板材整体气味强度减弱，平均气味强度在 1.5 左右。在 22min 左右出现的气味特征化合物的气味强度值最高，气味强度值为 3。PVC 贴面胶合板气味物质气味出现的时间相对分散，主要集中在 20～50min。

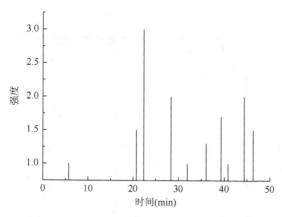

图 6-9　PVC 贴面胶合板气味时间-强度谱图

　　表 6-16 为 8mm PVC 贴面胶合板释放的 VOCs 组分。PVC 贴面胶合板释放的芳香烃组分质量浓度最高，烷烃类、醇类和酯类次之。胶合板素板释放的气味特征化合物中释放量最高的为芳香烃组分，其次为醛类、酯类和烷烃类。

表 6-16　8mm PVC 贴面胶合板 VOCs 组分分析（μg/cm³）

化合物	芳香烃类	烷烃类	醇类	酯类	TVOC
VOCs	250.81	37.85	23.53	12.10	324.28
气味物质	224.86	30.89	23.53	12.10	224.86

　　由图 6-10 发现，释放初期 PVC 贴面胶合板释放的主要 VOCs 组分是芳香烃化合物，质量浓度占比为 77.34%，其次占比相对较高的是烷烃类物质，占比为

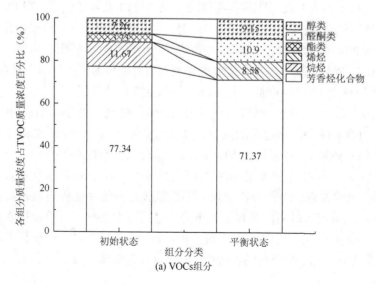

(a) VOCs组分

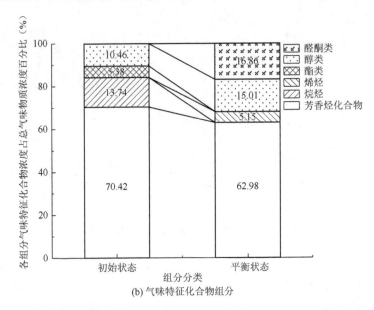

(b) 气味特征化合物组分

图6-10　PVC贴面胶合板初始状态及平衡状态VOCs及气味特征化合物释放趋势对比

11.67%，还有少量的醇类物质（7.26%）和酯类物质（3.73%）释放出来。PVC 贴面胶合板主要的气味物质同样为芳香烃类物质，质量浓度占比为 70.42%，其次为烷烃和醇类，占比分别为 13.74%和 10.46%。在释放平衡阶段，芳香烃类物质同样均为 PVC 贴面胶合板 VOCs 组分中和气味特征化合物中的主要释放组分，质量浓度占比分别为 71.37%和 62.98%。在 PVC 贴面胶合板 VOCs 组分中，释放初期和释放平衡阶段各组分所占 TVOC 质量浓度的百分比变化均微弱，说明芳香烃、烷烃、酯类和醇类物质均为 PVC 贴面胶合板释放周期中的主要释放物质。在 PVC 贴面胶合板气味特征化合物组分中，平衡状态的芳香烃组分相较于初始阶段略微降低，由占比为 70.42%降到 62.98%，且释放平衡阶段新出现烯烃和醛酮类物质，占比分别为 5.15%和 16.86%，说明平衡阶段芳香烃类物质对板材的整体气味影响有所降低。

　　2）不同厚度 PVC 贴面胶合板 VOCs 及气味释放水平分析

　　在温度（23±1）℃、相对湿度 40%±5%和空气交换率与负荷因子之比为 0.5m³/(h·m²)的条件下，通过微池热萃取技术采集不同厚度 PVC 贴面胶合板及同基材素板中的 VOCs，对采集的 VOCs 及其气味进行定性定量分析。

　　表 6-17 为不同厚度 PVC 贴面胶合板及其素板 TVOC 释放浓度及其总气味强度随时间变化的关系。对比分析发现，三聚氰胺浸渍纸贴面胶合板及其同基材素板 TVOC 释放量均随时间的推移逐渐下降。且同厚度条件下，胶合板素板的释放量及其总气味强度均高于 PVC 贴面胶合板，说明贴面材料对胶合板素板具有一定程度的封闭作用，会抑制胶合板 TVOC 的释放及其气味强度。

表 6-17　不同厚度 PVC 贴面胶合板、素板 TVOC 释放浓度及总气味释放强度

时间(d)	8mm 胶合板素板		8mm PVC 贴面胶合板		18mm 胶合板素板		18mm PVC 贴面胶合板	
	TVOC 释放浓度($\mu g/m^3$)	总气味释放强度	TVOC 释放浓度($\mu g/m^3$)	总气味释放强度	TVOC 释放浓度($\mu g/m^3$)	总气味释放强度	TVOC 释放浓度($\mu g/m^3$)	总气味释放强度
1	827.84	22.4	324.28	16	1006.75	24	467.30	19.5
3	560.49	16.25	301.56	12.25	741.29	18.5	462.50	13.25
7	430.76	11	276.11	7.4	670.11	13.25	414.46	8.75
14	352.41	10.5	260.32	6	601.79	10.5	382.44	6.75
21	330.48	6	250.37	5	450.10	6.25	333.56	4.5
28	314.50	5.5	247.77	4.25	359.26	6	313.71	4.25

　　由 8mm/18mm PVC 贴面胶合板及其素板的 TVOC 释放量和总气味强度对比（图 6-11）分析可知，两种不同厚度的胶合板素板释放的 TVOC 质量浓度和总气味强度均强于同厚度的 PVC 贴面胶合板。在 TVOC 释放初期，胶合板素板的 TVOC 质量浓度远高于 PVC 贴面处理后的胶合板，8mm/18mm 胶合板素板释放的 TVOC 质量浓度分别高于 PVC 贴面胶合板的 60.83%、53.58%。随着时间的推移，PVC 贴面胶合板及其素板的 TVOC 的释放量达到一个相对平衡状态，但贴面处理后释放的 TVOC 质量浓度仍低于同基材素板的释放量。胶合板素板的总气味强度也因贴面处理使板材的总气味强度有所降低，8mm/18mm PVC 贴面处理后的胶合板的总气味强度要分别低于胶合板素板 6.4 和 4.5 个气味强度值。平衡状态时，其板材贴面处理后的总气味强度值也低于其素板的总气味强度，说明 PVC 贴面处理对胶

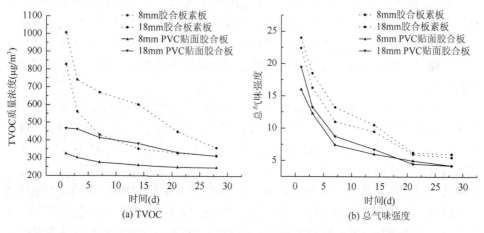

图 6-11　不同厚度 PVC 贴面胶合板 TVOC 质量浓度及总气味强度释放趋势

合板自身 VOCs 的释放具有较好的封闭效果，从而抑制了气味特征化合物的气味强度。产生这种现象的原因是胶合板素板和 PVC 贴面的相互作用。胶合板素板内部的 VOCs 与微池舱体内的平衡气体存在一定的浓度梯度，贴面处理后由于 PVC 贴面材料自身材料孔隙的致密性，VOCs 从胶合板素板界面扩散到微池舱气体内的传质阻力增大，使得胶合板中的 VOCs 分子由高浓度区胶合板内部向低浓度区微池舱内扩散减缓，所以 PVC 贴面处理会使部分化合物的释放受到抑制，从而使板材的 TVOC 质量浓度和总气味强度低于其素板。

对比两种不同厚度的 PVC 贴面胶合板发现，板材释放的 TVOC 质量浓度和总气味强度随板材厚度的增加而增加。释放初期，18mm PVC 贴面胶合板的 TVOC 质量浓度比 8mm 厚的板材多释放 143.02μg/m³，总气味强度提高了 3.5 个气味强度值。产生这种现象的原因是，不同厚度的同基材胶合板，厚度大的板材所用的木材原料更多，生产板材时使用的胶黏剂也更多，且 VOCs 由板材内部扩散到板材界面的传质阻力也增大，从而使得 VOCs 分子向舱体内的扩散减缓。所以厚度大的板材会降低板材的整体释放速度，加大板材 TVOC 的释放量及板材整体气味。

同厚度的 PVC 贴面胶合板与同基材素板相比，其 TVOC 质量浓度始终在一定程度上高于同基材素板，说明贴面处理会在一定程度上抑制素板 VOCs 的释放，从而削弱了板材整体气味强度。不同厚度的 PVC 贴面胶合板相比，厚度较大的板材 VOCs 的释放量更多，从而使板材整体的气味强度增加。

通过 GC-MS/O 技术检测出 8mm PVC 贴面胶合板具有 10 种气味特征化合物，18mm PVC 贴面胶合板具有 12 种气味特征化合物。8mm PVC 贴面胶合板释放的主要气味物质组分为芳香烃化合物，其次有少量的烷烃、酯类和醇类气味物质释放出来。板材厚度增加到 18mm 后 PVC 贴面胶合板气味特征化合物释放的种类减少，但释放气味物质增多，主要为芳香烃化合物，其主要来源是板材内胶黏剂。增加板材厚度会增加板材内胶黏剂的使用，从而使胶黏剂中芳香烃气味物质大量释放。同时，增加板材厚度也会在一定程度上抑制除芳香烃气味组分以外其他气味组分的释放。

由表 6-18 8mm/18mm PVC 贴面胶合板气味特征化合物的定性定量分析结果可知，芳香烃和醇类化合物在 8mm/18mm PVC 贴面胶合板中同为主要的气味来源，在 8mm PVC 贴面胶合板中分别占总气味来源的 70.42%、10.46%，18mm PVC 贴面胶合板中分别占 72.51%、9.46%。其中，苯、1-亚甲基-1H-茚、2-甲基萘、1, 7-二甲基萘、二苯并呋喃、菲和 2-乙基-1-己醇在两种厚度的 PVC 贴面胶合板中均被检测到，且相较 8mm PVC 贴面胶合板，18mm 厚的板材所检测到的气味物质质量浓度均有所增加，且气味强度也在一定程度上有所升高。这说明同一气味特征化合物的质量浓度会在一定程度上影响其气味强度的大小。苯主要来源于木素自身的释放、树脂的溶剂及溶剂间的相互作用；2-乙基-1-己醇可能来源于生产胶黏剂时使用的增塑剂、消泡剂、分散剂及树脂的溶剂；1,7-二甲基萘、2-甲基萘和1-亚甲基-1H-茚则可能来源于生产胶黏剂时使用的原料；二苯并呋喃可能来源于合成树脂时使用的原料及高温润滑剂的原料；菲可能来源于生产聚酯树脂时使用的原料。对比可知：苯、1-亚甲基-1H-茚、2-甲基萘、1,7-二甲基萘、二苯并呋喃、菲和2-乙基-1-己醇在18mm PVC 贴面胶合板中的释放量比同基材 8mm PVC 贴面胶合板分别增加了 42.73%、65.28%、102.60%、91.90%、51.78%、43.83%和43.52%。这说明板材厚度对 2-甲基萘、1,7-二甲基萘的影响效果明显，其次是 1-亚甲基-1H-茚、二苯并呋喃、菲、2-乙基-1-己醇、苯。

表 6-18　不同厚度 PVC 贴面胶合板气味特征化合物定性定量分析

化合物名称	保留时间 (min)	质量浓度（µg/m³）		定性方法	气味强度		气味特征
		8mm[①]	18mm[②]		8mm[①]	18mm[②]	
芳香烃化合物							
苯	5.67	6.67	9.52	MS，RI，odor	1	2	烤香
甲苯	8.95		41.22			2	臭味
1-亚甲基-1H-茚	28.35	14.23	23.52	MS，RI，odor	1.5	2	微苦
2-甲基萘	31.96	14.98	30.35	MS，RI，odor	1	1	麦香
1-甲基萘	32.53		16.90			1	麦香
联苯	35.02		19.96			2	尖刺的烟味
1,7-二甲基萘	36.06	8.15	15.64	MS，RI，odor	2	4	烤香
二苯并呋喃	39.3	41.48	62.96	MS，RI，odor	1	1.5	杏仁味
芴	40.83	45.86		MS，RI，odor	3		芳香
菲	44.38	26.97	38.79	MS，RI，odor	1.5	2	芳香
1H-菲那烯	40.85		64.39	MS，RI，odor	2		怪味
烷烃							
2,2,7,7-四甲基辛烷	20.74	30.89		MS，RI，odor	1		花香
醇类							
2-乙基-1-己醇	22.35	23.53	33.77	MS，RI，odor	1	2	烧焦味
酯类							
邻苯二甲酸二丁酯	46.36	12.10		MS，RI，odor	2		芳香

注：①8mm PVC 贴面胶合板；②18mm PVC 贴面胶合板；RI.保留指数；MS.参照谱库检索结果定性；odor.根据嗅闻气味特征定性。

　　8mm/18mm PVC 贴面胶合板释放的 VOCs 及气味物质组分质量浓度见表 6-19。板材厚度增加后，TVOC 质量浓度和气味物质总质量浓度分别增加了 44.11%、58.77%，说明增加板材厚度会促进 PVC 贴面胶合板释放 VOCs，从而增加了气味特征化合物的释放，增加板材的整体气味强度。增加板材厚度后芳香烃组分的总质量浓度及气味物质组分的质量浓度分别是 8mm PVC 贴面胶合板的 1.32 倍、1.63 倍，醇类组分的总质量浓度及气味物质组分的质量浓度分别是 8mm PVC 贴面胶合板的 1.44 倍、1.44 倍，且增加板材厚度后出现了醛类和烯烃化合物的释放，但烯烃组分呈现出气味特征。这说明增加板材厚度时板材内部使用的胶黏剂增多，会释放出一定量的 VOCs，其中主要有芳香烃类、醇类、醛类、烯烃和酯类，呈现气味特征的主要为芳香烃、烯烃和醇类。

表 6-19　8mm/18mm PVC 贴面胶合板 VOCs 组分分析（$\mu g/cm^3$）

板材	化合物	芳香烃类	烷烃类	醛类	烯烃	醇类	酯类	TVOC
8mm PVC 贴面胶合板	VOCs	250.81	37.85	0	0	23.53	12.10	324.28
	气味物质	158.34	30.89	0	0	23.53	12.10	224.86
18mm PVC 贴面胶合板	VOCs	332.29	0	4.39	64.39	33.77	32.47	467.31
	气味物质	258.86	0	0	64.39	33.77	0	357.02

　　图 6-12 为 8mm/18mm PVC 贴面胶合板气味物质释放趋势对比。8mm PVC 贴面胶合板释放的主要气味物质为芳香烃类化合物，其次为烷烃类、醇类化合物；板材厚度增加后释放的主要气味物质是芳香烃类化合物，其次为烯烃类化合物。

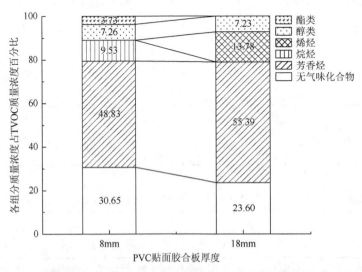

图 6-12　8mm/18mm PVC 贴面胶合板气味物质释放对比

18mm PVC 贴面胶合板与 8mm PVC 贴面胶合板释放的芳香烃类相比其比例增加了 13.43%，且随板材厚度增加烯烃类物质释放了出来。而 8mm PVC 贴面胶合板释放的烷烃类和酯类气味物质在 18mm PVC 贴面胶合板释放的气味物质中未呈现出来。产生这种现象的原因是 PVC 贴面胶合板释放的气味特征化合物的成分和含量是由 PVC 贴面材料、板材内部使用的胶黏剂和板材自身相互作用的结果。增加板材的厚度会增加胶合板生产加工过程中胶黏剂的使用，从而使得胶黏剂中的芳香烃类、烯烃类气味物质释放出来，提高板材整体气味强度。但增加板材的厚度会导致 VOCs 在板材内部的传质阻力增加，阻碍板材中的 VOCs 释放，使得 VOCs 在板材内部的传质通量降低，释放系数降低，从而使得部分气味特征化合物未释放出来。

6.2.3　三聚氰胺贴面人造板气味组分分析及厚度影响

1. 三聚氰胺贴面刨花板气味及厚度影响分析

1）三聚氰胺贴面刨花板气味物质的鉴定及危害物质分析

通过微池热萃取仪在常温常湿条件下［温度（23±1）℃、相对湿度 40%±5%］采集 8mm 三聚氰胺贴面刨花板的气味物质，通过 GC-MS/O 技术进行检测分析，联合运用 GC-MS 内标法和感官嗅觉分析法对板材释放物质进行定性定量分析。图 6-13 为三聚氰胺贴面刨花板气味时间-强度谱图。

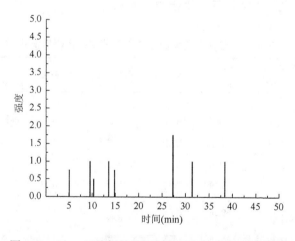

图 6-13　8mm 三聚氰胺贴面刨花板气味时间-强度谱图

由图 6-13 可以发现：相比于刨花板素板，三聚氰胺贴面刨花板释放物质的最大气味强度更低，气味出现时间相对不集中，主要分布在 5~40min 左右，40min

以后不再有气味出现。三聚氰胺贴面刨花板的气味强度普遍不高，平均强度在 1
左右。在 27min 左右达到气味强度最大值，气味强度为 1.75。

　　由表 6-20 可以发现：三聚氰胺贴面刨花板释放主要组分中，种类最多的为芳
香烃化合物和酯类物质，其次为烷烃和酮类，另外还有少数醛类和烯烃类物质。

表 6-20　三聚氰胺贴面刨花板释放主要成分

分类	主要成分
芳香烃化合物	苯、甲苯、乙苯、对二甲苯、1,3-二甲基苯、1-乙基-3-甲基苯、1-乙基-4-甲基苯、1,2,3-三甲基苯、1,2,4-三甲基苯、1-甲基-3-(1-甲基乙基)-苯、萘、2-甲基-萘、1-甲基-萘、苊、二苯并呋喃、芴
烷烃	二甲氧基甲烷、己烷、癸烷、5-乙基-2,2,3-三甲基-庚烷
酮类	丙酮、环己酮、（1S）-1,7,7-三甲基-双环[2.2.1]庚烷-2-酮
酯类	乙酸乙酯、乙酸-1-甲基丙酯、乙酸-2-甲基丙酯、乙酸丁酯、2-戊醇乙酸酯
醛类	己醛
烯烃	可巴烯

　　表 6-21 为三聚氰胺贴面刨花板所表现气味特征的物质。实验发现，在检测到
的 30 种化合物中，呈现气味特征的化合物共有 13 种。三聚氰胺贴面刨花板释放
的气味特征物质大多数属于微毒到低毒的范围，仅有一种物质属于中毒分级。芳
香烃化合物和酯类为三聚氰胺贴面刨花板主要气味物质来源，另外还有少量酮类
和醛类物质同样表现为特征气味化合物。

表 6-21　三聚氰胺贴面刨花板气味特征化合物组分

化合物	保留时间（min）	质量浓度（μg/m³）	毒性	气味特征	气味强度	气味物质可能来源
芳香烃化合物						
苯	5.06	8.91	低毒	焦味	0.75	刨花板本身释放、添加剂
乙苯	13.05	104.30	低毒	芳香	0	刨花板本身释放
对二甲苯	13.57	133.95	微毒	刺激性、芳香	1	胶黏剂
1,3-二甲基苯	14.84	80.79	低毒	清香	0.75	刨花板本身释放
萘	27.33	69.56	中毒	清香、植物苦味、酸味	1.75	合成树脂原料
1-甲基-萘	31.39	15.16	低毒	麦香	1	刨花板本身释放
二苯并呋喃	38.35	11.42	低毒	杏仁味、甘草香	1	润滑剂
酮类						
丙酮	3.36	16.28	微毒	特殊的辛辣	0	胶黏剂清洗剂、树脂溶剂

续表

化合物	保留时间（min）	质量浓度（μg/m³）	毒性	气味特征	气味强度	气味物质可能来源
酯类						
乙酸乙酯	4.33	10.65	微毒	清甜香	0	胶黏剂溶剂
乙酸-1-甲基丙酯	7.65	27.72	微毒	清甜果香	0	树脂溶剂
乙酸-2-甲基丙酯	8.33	5.03	微毒	清甜果香	0	树脂溶剂
乙酸丁酯	10.32	77.10	微毒	清甜果香	0.5	刨花板本身释放、有机溶剂
醛类						
己醛	9.53	16.58	低毒	青草香	1	刨花板本身释放、三聚氰胺浸渍纸中树脂合成

在三聚氰胺贴面刨花板释放的气味特征物质中，芳香烃化合物多呈现植物香味，毒性多表现为低毒（对二甲苯属于微毒分级、萘属于中毒分级）。芳香烃化合物主要来源于刨花板本身的释放、添加剂、合成树脂的原料、热压过程中使用的胶黏剂以及润滑剂。例如，检测到的乙苯、1,3-二甲基苯等化合物同样出现在刨花板素板的检测结果中，且浓度有所降低，说明这些物质主要来源于刨花板本身的释放，但三聚氰胺贴面在一定程度上阻碍了这些物质的释放，所以其浓度相比刨花板素板有所降低。检测到的苯也出现在刨花板素板的检测结果中，但其浓度相比素板更高，其还可能来源于板材制备过程中的添加剂。表现为微毒的对二甲苯可能来源于热压时使用的胶黏剂。三聚氰胺贴面刨花板是刨花板基材受热压与三聚氰胺浸渍纸结合后的一种贴面板材，这种浸渍纸是印刷装饰纸或素色原纸经过浸渍三聚氰胺甲醛树脂或脲醛树脂，最后干燥处理得到的胶纸，它具有一定含量的挥发物和树脂。而萘可能来源于合成树脂的原料。二苯并呋喃作为高温润滑剂，其作用为在塑料加工过程中，同时改善树脂的流动性和制品的脱模性，以防止在机内或模具内因黏着作用而产生缺陷。只检测到丙酮一种酮类物质，其呈现辛辣气味，毒性表现为微毒。丙酮的主要来源为胶黏剂清洗剂和树脂溶剂，可用于清洗高温热压后板边部残留的胶黏剂以及制备过程中溶解树脂。酯类物质多呈现为果香，毒性表现为微毒。其主要来源为胶黏剂溶剂、树脂溶剂、刨花板本身释放以及有机溶剂，如乙酸-1-甲基丙酯和乙酸-2-甲基丙酯用于树脂溶剂，而乙酸乙酯常用于黏合剂溶剂。检测出的乙酸丁酯同样出现在刨花板素板的检测结果中，说明这种物质可能来源于刨花板本身的释放，同时它也可能来源于有机溶剂。仅有一种醛类物质，其表现为青草香，属于低毒分级，来源于刨花板本身的释放，但其浓度高于刨花板素板本身己醛的释放量，所以分析其还可能来源于三聚氰胺浸渍纸中树脂的合成。

在检测到的所有气味物质中，苯、对二甲苯、乙酸丁酯属于标准 UL 2821-2013 中列出的"在办公家具 VOCs 释放中占前 10% 的化合物"，应加以重视。对比表中物质的质量浓度和气味强度，同样可以发现：相同气味强度的不同化合物的浓度差异很大，说明不同气味特征化合物的气味强度和其浓度并没有直接的相关性，但是同一种气味特征化合物的质量浓度会一定程度上影响其气味强度的大小，过低的浓度值会导致感官评价员嗅觉上无法察觉。

2）不同厚度三聚氰胺贴面刨花板 VOCs 及气味释放水平分析

使用微池热萃取仪在常温常湿条件下 [温度（23±1）℃、相对湿度 40%±5%]，对不同厚度三聚氰胺贴面刨花板释放 VOCs 及气味进行检测。得到的 TVOC 释放浓度和总气味释放强度如表 6-22 所示。

表 6-22　不同厚度三聚氰胺贴面刨花板、刨花板素板 TVOC 释放浓度及总气味释放强度

时间（d）	8mm 三聚氰胺贴面刨花板		18mm 三聚氰胺贴面刨花板		8mm 刨花板素板		18mm 刨花板素板	
	TVOC 释放浓度（μg/m³）	总气味释放强度	TVOC 释放浓度（μg/m³）	总气味释放强度	TVOC 释放浓度（μg/m³）	总气味释放强度	TVOC 释放浓度（μg/m³）	总气味释放强度
1	802.53	7.75	916.26	8.25	833.58	14.00	1383.27	15.25
3	456.29	6.50	624.19	6.75	646.25	10.00	978.26	12.00
7	226.21	4.50	402.84	5.00	506.33	7.75	758.11	8.50
14	198.24	4.25	254.27	4.25	408.69	6.25	598.22	7.25
21	156.69	3.75	234.22	4.00	305.27	4.50	415.29	5.25
28	107.26	3.75	139.21	3.75	246.29	4.00	339.20	4.50

由表 6-22 可得到不同厚度三聚氰胺贴面刨花板、刨花板素板在标准环境下 TVOC 及气味释放情况随时间变化的关系，如图 6-14 所示。

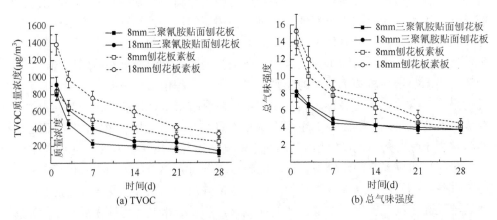

图 6-14　不同厚度三聚氰胺贴面刨花板、刨花板素板 TVOC 及总气味强度释放趋势

实验发现：在标准环境下，释放初期 TVOC 释放浓度和总气味强度均为释放最高值。随着时间的推移，不同厚度三聚氰胺贴面刨花板 TVOC 质量浓度及总气味强度逐渐下降，直至达到一个平衡的状态。两种不同厚度三聚氰胺贴面刨花板的 TVOC 释放浓度和总气味强度整体上均低于同厚度的刨花板素板，如在初始状态，8mm 三聚氰胺贴面刨花板相比同厚度刨花板素板 TVOC 释放浓度降低了 $31.05\mu g/m^3$、总气味强度降低了 6.25。18mm 三聚氰胺贴面刨花板相比同厚度刨花板素板 TVOC 释放浓度降低了 $467.01\mu g/m^3$、总气味强度降低了 7。在平衡状态，8mm 三聚氰胺贴面刨花板相比同厚度刨花板素板 TVOC 释放浓度降低了 $139.03\mu g/m^3$、总气味强度下降了 0.25。18mm 三聚氰胺贴面刨花板相比同厚度刨花板素板 TVOC 释放总量降低了 $199.99\mu g/m^3$、总气味强度降低了 0.75。这说明在初始阶段，三聚氰胺浸渍纸贴面能够一定程度上阻碍刨花板本身 VOCs 和气味的释放，随着时间的推移，释放逐渐达到平衡状态，此时 PVC 贴面刨花板的 TVOC 质量浓度和总气味强度仍低于同厚度刨花板素板的释放。

对比两种不同厚度的三聚氰胺贴面刨花板，发现当厚度变大时，三聚氰胺贴面刨花板的 TVOC 质量浓度和总气味强度也一定程度增加。三聚氰胺贴面刨花板的 18mm 板材释放始终高于 8mm 板材。在初始状态，前者比后者 TVOC 质量浓度多 $113.73\mu g/m^3$、总气味强度高 0.5。到达平衡态时，前者 TVOC 质量浓度比后者多 $31.95\mu g/m^3$、总气味强度相同。产生这种现象的原因是两种板材刨花板基材厚度不同，更大厚度的刨花板会释放更多 VOCs，三聚氰胺浸渍纸贴面能够一定程度上阻碍刨花板本身的释放，但由于本身的结构不能够完全阻止其释放，所以厚度大的三聚氰胺贴面板的 TVOC 释放总量和总气味强度均大于厚度小的三聚氰胺贴面板。但比较两种不同厚度刨花板素板释放 VOCs 的情况发现，厚度的作用不明显。例如，两种不同厚度刨花板素板初始状态释放 TVOC 质量浓度相差 $549.69\mu g/m^3$，而不同厚度的此类板材只相差 $113.73\mu g/m^3$，同样两种不同厚度刨花板素板平衡状态释放 TVOC 质量浓度相差 $92.91\mu g/m^3$，而不同厚度的此类板材只相差 $31.95\mu g/m^3$。

3）三聚氰胺贴面刨花板 VOCs 及气味释放组分分析

图 6-15 为三聚氰胺贴面刨花板初始状态及平衡状态 VOCs 及气味释放组分百分比情况。三聚氰胺贴面刨花板的释放组分有芳香烃化合物、醛酮类、烷烃、酯类和烯烃。其中呈现气味特征的组分有芳香烃化合物、醛酮类和酯类。

由图 6-15（a）可以看出：初始状态三聚氰胺贴面刨花板的 VOCs 组分占比由大到小分别为：芳香烃化合物、酯类、烷烃、醛酮类和烯烃，占比分别为 56.29%、17.12%、10.49%、10.32%和 5.77%。平衡状态三聚氰胺贴面刨花板的 VOCs 组分占比由大到小分别为：烷烃、醛酮类、酯类、芳香烃化合物和烯烃，对应占比分别为 51.01%、17.95%、14.53%、11.6%和 4.91%。随着时间的推移，三聚氰胺贴

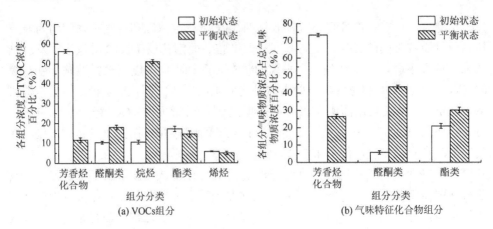

(a) VOCs组分　　　　　　　　　(b) 气味特征化合物组分

图 6-15　三聚氰胺贴面刨花板初始状态及平衡状态 VOCs 及气味特征化合物组分百分比

面刨花板 VOCs 组分中醛酮类和烷烃类化合物占 TVOC 比例上升,芳香烃化合物、酯类和烯烃占比下降。

由图 6-15(b)可以看出:初始状态三聚氰胺贴面刨花板的特征气味化合物组分浓度占比由大到小分别为:芳香烃化合物、酯类和醛酮类,占比分别为 73.44%、20.87% 和 5.69%。平衡状态三聚氰胺贴面刨花板的特征气味化合物组分浓度占比由大到小分别为:醛酮类、酯类和芳香烃化合物,对应占比分别为 43.47%、30.22% 和 26.31%。随着时间的推移,气味特征化合物组分中芳香烃化合物的占比下降,而醛酮类和酯类物质占比上升。在初始阶段,芳香烃化合物对三聚氰胺贴面刨花板气味影响较大,当达到平衡状态时,醛酮类物质影响更大。

2. 三聚氰胺贴面胶合板气味及厚度影响分析

1)三聚氰胺贴面胶合板气味物质的鉴定及危害物质分析

在温度(23±1)℃、相对湿度 40%±5%、空气交换率与负荷因子之比 0.5m³/(h·m²)条件下,通过微池热萃取技术采集 8mm 三聚氰胺浸渍纸贴面胶合板中的 VOCs,利用 GC-MS/O 技术对板材中的释放物进行定性定量分析。表 6-23 和表 6-24 分别为 8mm 三聚氰胺浸渍纸贴面胶合板 VOCs 的组分和气味特征化合物的组分。

表 6-23　三聚氰胺浸渍纸贴面胶合板释放主要成分

分类	主要成分
芳香烃化合物	苯、甲苯、乙苯、1-甲基萘、2-甲基萘、2-乙烯基萘、2,6-二甲基萘、1,7-二甲基萘、苊、二苯并呋喃、菲、1H-非那烯
烷烃	2,2,7,7-四甲基辛烷、2,3,6,7-四甲基辛烷、2,6-二甲基辛烷、十一烷
醇类	2-乙基-1-己醇、2-丙基-1-庚醇、α,α-二甲基苯乙醇

分类	主要成分
酮类	甲基异丁基酮
酯类	乙酸-1-甲基丙酯、2-甲基-2-丙烯酸丁酯、邻苯二甲酸二丁酯

表 6-24　三聚氰胺浸渍纸贴面胶合板气味特征化合物组分

化合物	保留时间（min）	保留指数	质量浓度（μg/m³）	气味特征	气味强度	定性方法
芳香烃化合物						
苯	5.71	609.59	9.12	烤香	1	MS，RI，odor
2-甲基萘	32.43	1300.78	9.42	臭味	3	MS，RI，odor
2-乙烯基萘	34.92	1439.50	15.81	橙香味	1.75	MS，RI，odor
2,6-二甲基萘	36.00	1456.30	11.90	芳香	2	MS，RI，odor
1,7-二甲基萘	36.57	1465.16	5.16	芳香甜味	1	MS，RI，odor
二苯并呋喃	39.26	1520.64	51.69	杏仁味	1.5	MS，RI，odor
酮类						
甲基异丁基酮	7.83		25.60	清凉感	1.5	MS，RI，odor
烷烃						
2,3,6,7-四甲基辛烷	22.54	1008.51	14.97	清凉感	1	MS，RI，odor
十一烷	25.11	1076.86	5.31	臭味	2	MS，RI，odor
醇类						
α,α-二甲基苯乙醇	14.70	843.36	16.52	脂粉味	1.25	MS，RI，odor
酯类						
2-甲基-2-丙烯酸丁酯	20.21	955.23	19.98	香味	1	MS，RI，odor
邻苯二甲酸二丁酯	46.32	1789.05	10.79	皮革味	1.25	MS，RI，odor

注：RI.保留指数；MS.参照谱库检索结果定性；odor.根据嗅闻气味特征定性。

由表 6-23 可以发现，三聚氰胺浸渍纸贴面胶合板主要释放组分为芳香烃化合物，其次为烷烃、醇类和酯类物质。三聚氰胺浸渍纸贴面胶合板释放的化合物种类与胶合板素板相比所释放的化合物种类有所降低，说明三聚氰胺浸渍纸贴面处理会在一定程度上抑制胶合板中部分化合物的释放。

表 6-24 为 8mm 三聚氰胺浸渍纸贴面胶合板所呈现出的气味特征化合物组分。

实验检测到的 23 种化合物中，有 12 种化合物呈现出气味特征。可以发现芳香烃类气味特征化合物为三聚氰胺浸渍纸贴面胶合板整体气味的主要贡献者，还有少量的烷烃、酮类、酯类和醇类为板材整体气味做贡献。

分析表 6-24 发现，胶合板素板经过三聚氰胺浸渍纸贴面处理后气味特征化合物的种类增多，胶合板素板的气味特征化合物有 6 种，而三聚氰胺浸渍纸贴面胶合板的气味特征化合物种类有 5 种，减少了醛类和烯烃，增加了醇类物质，其来源主要为三聚氰胺浸渍纸贴面材料。三聚氰胺浸渍纸贴面材料会释放出一定量醇类物质，胶黏剂中会挥发出芳香烃、醛类化合物和醇类物质，但整体气味强度不高。同时，贴面材料会抑制胶合板素板自身气味特征化合物的释放。三聚氰胺浸渍纸贴面胶合板释放的总气味化合物的质量浓度比同基材素板增加了 96.48%。因此，胶合板自身的释放、三聚氰胺浸渍纸贴面材料、贴面材料上的胶黏剂和添加剂等方面共同作用于三聚氰胺浸渍纸贴面胶合板气味化合物的释放，但气味强度相对降低，仅有 2-甲基萘（臭味；3）的气味易感觉出，2,6-二甲基萘（芳香；2）、十一烷（臭味；2）气味呈现稍可感觉出的气味强度，其余均呈现勉强可感觉出的气味强度。这说明用三聚氰胺浸渍纸贴面处理会抑制胶合板自身 VOCs 的释放，从而降低了气味特征化合物的质量浓度，使得板材中气味特征化合物的气味强度降低。

由图 6-16 可知，相比胶合板素板，三聚氰胺浸渍纸贴面胶合板释放的气味特征化合物的整体气味强度有所降低，气味强度普遍不高，平均强度在 1.5 左右。气味特征化合物出现时间主要集中在 30～40min 之间，且出现了气味强度最高值，气味强度为 3。与胶合板素板相比，三聚氰胺浸渍纸贴面处理会在一定程度上抑制胶合板中气味物质的气味强度，使板材整体气味达到嗅闻的舒适度。

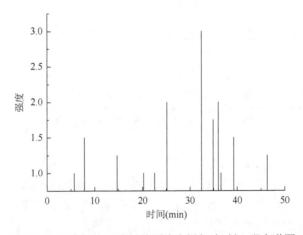

图 6-16　三聚氰胺浸渍纸贴面胶合板气味时间-强度谱图

　　表 6-25 为 8mm 三聚氰胺浸渍纸贴面胶合板释放的 VOCs 的组分。三聚氰胺浸渍纸贴面胶合板释放的 VOCs 中芳香烃、酯类和酮类质量浓度较高，烷烃类、醇类次之。胶合板素板释放的气味特征化合物中释放量最高的为芳香烃化合物，其次为醛类、酯类和烷烃类。

表 6-25　8mm 三聚氰胺浸渍纸贴面胶合板 VOCs 组分分析（$\mu g/cm^3$）

化合物	芳香烃类	烷烃类	醇类	酮类	酯类	TVOC
VOCs	318.05	44.29	66.52	162.88	212.20	803.94
气味物质	138.12	20.28	16.52	162.88	40.77	378.58

　　由图 6-17 发现，三聚氰胺浸渍纸贴面胶合板释放初期主要的释放组分是芳香烃类、酯类和醛酮类化合物；主要气味物质为芳香烃类和醛酮类化合物。在释放初期，三聚氰胺浸渍纸贴面胶合板释放的 VOCs 占比最高的为芳香烃类物质，占比为 39.56%；三聚氰胺浸渍纸贴面胶合板释放的气味特征化合物占比最高的为醛酮类物质，占比为 43.03%。芳香烃化合物质量浓度在平衡状态下占 TVOC 质量浓度的百分比与芳香烃气味物质在平衡状态占总气味物质质量浓度的百分比相比初始状态均有所提升，分别增加了 48.33%和 104.14%，说明芳香烃类物质为三聚氰胺浸渍纸贴面胶合板释放周期中的主要释放物质和气味物质。另外在释放初期三聚氰胺浸渍纸贴面胶合板 VOCs 组分中，还有少量的烷烃类、醛酮类、酯类和醇类化合物，占比分别为 5.51%、20.26%、26.40%和 8.27%。释放初期三聚氰胺浸渍纸贴面胶合板释放的气味特征化合物中，醛酮类化合物占比最高，其次芳香烃类化合物占比较高，占比为 36.48%，其余还有 5.36%的烷烃类、10.77%的酯类和 4.36%的醇类气味物质。在释放平衡状态，芳香烃类物质仍为主要的释放组分，在三聚氰胺浸渍纸贴面胶合板 VOCs 组分中占比为 58.68%，在气味特征化合物中占比为 74.47%。平衡状态下三聚氰胺浸渍纸贴面胶合板 VOCs 组分中，除芳香烃气味物质外占比相对较高的为酯类，占比为 9.96%，另外还有少量的烯烃、醛酮类和醇类，占比分别为 6.45%、3.80%和 3.71%。三聚氰胺浸渍纸贴面胶合板气味特征化合物组分在释放平衡状态还有少量的醛酮类（7.66%）、酯类（10.38%）和醇类（7.49%）。研究发现，芳香烃类物质占比在 VOCs 组分和气味特征化合物组分中有所升高，醛酮类和酯类物质占比下降。释放初期，芳香烃类、醛酮类对三聚氰胺浸渍纸贴面胶合板气味影响较大，而当达到释放平衡状态时，仅有芳香烃类物质对板材整体气味起主要贡献作用。

　　2）不同厚度三聚氰胺贴面胶合板 VOCs 及气味释放水平分析

　　在温度（23±1）℃、相对湿度 40%±5%和空气交换率与负荷因子之比为

0.5m³/(h·m²)的条件下,利用 GC-MS/O 技术对不同厚度三聚氰胺浸渍纸贴面胶合

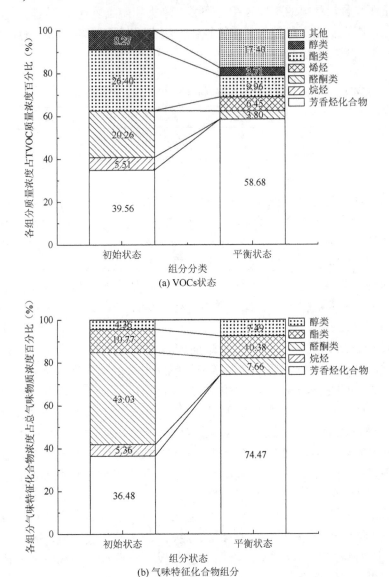

(a) VOCs状态

(b) 气味特征化合物组分

图 6-17　三聚氰胺浸渍纸贴面胶合板初始状态及平衡状态 VOCs 及气味特征化合物
释放趋势对比

板及同基材素板释放的 VOCs 进行定性定量分析。表 6-26 为不同厚度的三聚氰
胺浸渍纸贴面胶合板、胶合板素板 TVOC 质量浓度和总气味强度随时间变化的
关系。

表 6-26　不同厚度三聚氰胺浸渍纸贴面胶合板、胶合板素板 TVOC 质量浓度及总气味强度

时间(d)	8mm 胶合板素板		8mm 三聚氰胺浸渍纸贴面胶合板		18mm 胶合板素板		18mm 三聚氰胺浸渍纸贴面胶合板	
	TVOC 释放浓度($\mu g/m^3$)	总气味释放强度	TVOC 释放浓度($\mu g/m^3$)	总气味释放强度	TVOC 释放浓度($\mu g/m^3$)	总气味释放强度	TVOC 释放浓度($\mu g/m^3$)	总气味释放强度
1	827.84	22.4	803.94	18.25	1006.75	24	846.75	20.5
3	560.49	16.25	534.05	15.5	741.29	18.5	618.36	16.25
7	430.76	11	415.94	9	670.11	13.25	470.67	10.5
14	352.41	10.5	340.58	5.5	601.79	10.5	381.68	7
21	330.48	6	320.16	4.75	450.10	6.25	348.83	5.25
28	314.50	5.5	309.84	4.25	359.26	6	322.99	5

　　由表 6-26 可知，三聚氰胺浸渍纸贴面胶合板的 TVOC 释放量和总气味强度低于同厚度同基材素板，且不同厚度的胶合板 TVOC 释放量和总气味强度随时间的变化均呈现出下降趋势，均在释放初期下降较快，随着时间的推移逐渐达到相对稳定的状态。

　　图 6-18 为不同厚度的三聚氰胺浸渍纸贴面胶合板及其素板的 TVOC 质量浓度和总气味强度随时间变化的趋势图。释放初期，不同厚度胶合板的 TVOC 释放量和总气味强度均有较大幅度的降低，而释放后期趋于平缓。释放的前 7 天，8mm/18mm 三聚氰胺浸渍纸贴面胶合板及素板的释放量分别降低了 388.00$\mu g/m^3$、397.08$\mu g/m^3$、376.08$\mu g/m^3$ 和 336.64$\mu g/m^3$，总气味强度值分别降低了 9.25、11.40、10.00 和 10.75 个气味强度值；而在释放的后 7 天，8mm/18mm 三聚氰胺浸渍纸贴面胶合板及素板的释放量分别降低了 15.98$\mu g/m^3$、11.1$\mu g/m^3$、90.84$\mu g/m^3$ 和 25.84$\mu g/m^3$，总气味强度值分别降低了 0.5、0.5、0.25 和 0.25 个气味强度值。在释放初期微池舱体内的 VOCs 分子与板材内部的 VOCs 分子具有较大的浓度梯度，使得板材内部的 VOCs 分子由高浓度区胶合板内部向低浓度区微池舱内高速扩散，所以释放初期 TVOC 质量浓度及总气味强度降低较快。随着时间的推移，板材内部与微池舱体之间的浓度梯度逐渐降低，使得 TVOC 释放量减弱，进而使板材整体气味降低。对比可知，释放初期胶合板的 TVOC 释放量和总气味强度均为释放的最高值，且 8mm/18mm 三聚氰胺浸渍纸贴面胶合板的 TVOC 质量浓度相较于同厚度同基材的素板分别降低了 2.89% 和 15.89%，总气味强度也分别降低了 4.15 和 3.5 个气味强度值。这说明三聚氰胺浸渍纸贴面处理会在一定程度上抑制胶合板素板中 VOCs 的释放。但 PVC 贴面处理过的胶合板释放的 TVOC 质量浓度和气味强度均要低于三聚氰胺浸渍纸贴面胶合板。不同厚度的胶合板素板经过三聚氰胺浸渍纸贴面处理后，随着厚度的增加其释放的 TVOC 质量浓度和总气味

浓度均会在一定程度上增加，初始状态分别增加了 42.81μg/m³ 和 2.25 个气味强度值，随着时间的推移 18mm 厚的板材始终要高于 8mm 厚的板材。这说明板材厚度越大板材释放的 VOCs 越多。

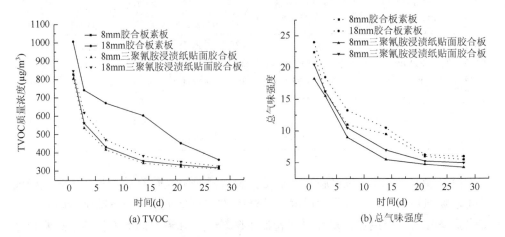

图 6-18　不同厚度三聚氰胺浸渍纸贴面胶合板 TVOC 质量浓度及总气味强度释放趋势

　　同厚度的三聚氰胺浸渍纸贴面胶合板与同基材素板相比，其 TVOC 质量浓度始终在一定程度上低于同基材素板，说明贴面处理会在一定程度上抑制素板释放 VOCs，从而削弱了板材整体气味强度。不同厚度的三聚氰胺浸渍纸贴面胶合板相比，厚度较大的板材 VOCs 释放量较多，从而使板材整体的气味强度增加。PVC 贴面与三聚氰胺浸渍纸贴面相比，PVC 贴面对 VOCs 的封闭效果更好。

　　由表 6-27 发现，8mm 三聚氰胺浸渍纸贴面胶合板释放的 TVOC 质量浓度和总气味物质质量浓度比 18mm 三聚氰胺浸渍纸贴面胶合板释放的分别降低了 5.06%、7.15%。这说明增加三聚氰胺浸渍纸贴面胶合板的厚度会在一定程度上促进板材 VOCs 的释放，但增幅较小，且小幅度增加了气味特征化合物的释放。同时发现增大板材厚度后芳香烃组分的 TVOC 质量浓度和气味物质质量浓度分别比 8mm 三聚氰胺浸渍纸贴面胶合板增加了 143.29%、129.44%，18mm 三聚氰胺浸渍纸贴面胶合板释放的醇类和酯类气味物质质量浓度分别是 8mm 三聚氰胺浸渍纸贴面胶合板的 2.19 倍、1.34 倍，烷烃类和酮类气味物质在板材厚度增加后未呈现。且 18mm 三聚氰胺浸渍纸贴面胶合板释放的烷烃、酮类、酯类、醇类质量浓度分别比 8mm 三聚氰胺浸渍纸贴面胶合板释放的烷烃、酮类、酯类、醇类质量浓度降低了 100%、64.99%、45.60%、42.75%。这说明胶黏剂使用量的增加会促进芳香烃气味物质的大量释放，增大板材的整体气味强度，但随着板材厚度的增大，烷烃、酮类、醇类和酯类物质释放受到一定程度的抑制。

表 6-27　8mm/18mm 三聚氰胺浸渍纸贴面胶合板 VOCs 组分分析（μg/cm³）

板材	化合物	芳香烃类	烷烃类	酮类	醇类	酯类	TVOC
8mm 三聚氰胺浸渍纸贴面胶合板	VOCs	259.79	44.29	162.88	66.52	212.20	803.94
	气味物质	138.12	20.28	162.88	16.52	40.77	378.57
18mm 三聚氰胺浸渍纸贴面胶合板	VOCs	632.04	0	57.03	36.19	121.49	846.75
	气味物质	316.90	0	0	36.19	54.62	407.71

由表 6-28 可知，18mm 三聚氰胺浸渍纸贴面胶合板释放的总气味物质质量浓度是 8mm 三聚氰胺浸渍纸贴面胶合板的 1.08 倍。芳香烃和酮类气味物质为 8mm 三聚氰胺浸渍纸贴面胶合板的主要释放组分，其次酯类、烷烃和醇类气味物质，分别占总气味物质质量浓度的 36.49%、43.02%、10.77%、5.36%、4.36%。而 18mm 三聚氰胺浸渍纸贴面胶合板释放的主要气味物质为芳香烃，其次有少量的醇类和酯类物质，分别占总气味物质质量浓度的 77.73%、8.88%、13.40%。对比分析可知，随着板材厚度的增加，芳香烃气味物质释放量的占比逐渐增加。其中，苯、二苯并呋喃、邻苯二甲酸二丁酯在两种厚度的三聚氰胺浸渍纸贴面胶合板中均被检测到。苯主要来源于合成树脂时使用的溶剂及树种自身的释放；二苯并呋喃主要来源于合成树脂时使用的润滑剂；邻苯二甲酸二丁酯则主要来源于生产三聚氰胺浸渍纸及胶黏剂时添加的增塑剂。相较于 8mm 三聚氰胺浸渍纸贴面胶合板，18mm 三聚氰胺浸渍纸贴面胶合板释放的苯、二苯并呋喃、邻苯二甲酸二丁酯的质量浓度分别是 8mm 三聚氰胺浸渍纸贴面胶合板的 1.45 倍、2.07 倍、2.63 倍，且其气味强度值也分别高出 0.75、1.00、1.75 个气味强度值。板材厚度对邻苯二甲酸二丁酯的释放及气味强度影响最大，其次是二苯并呋喃、苯。这说明板材的厚度会在一定程度上影响同一气味特征化合物的质量浓度，进而影响其气味强度的大小。

表 6-28　不同厚度三聚氰胺浸渍纸贴面胶合板气味特征化合物定性定量分析

化合物名称	保留时间(min)	质量浓度(μg/m³)		定性方法	气味强度		气味特征
		8mm[①]	18mm[②]		8mm[①]	18mm[②]	
芳香烃化合物							
苯	5.71	9.12	13.21	MS，RI，odor	1	1.75	烤香
甲苯	8.95	35.03			1		香甜
1, 3-二甲基苯	14.71		34.46	MS，RI，odor		2	奶香
1-甲基萘	31.92		34.44	MS，RI，odor		2	臭味
2-甲基萘	32.43	9.42			3		臭味
2-乙烯基萘	34.92	15.81			1.75		橙香味

续表

化合物名称	保留时间(min)	质量浓度(μg/m³)		定性方法	气味强度		气味特征
		8mm[①]	18mm[②]		8mm[①]	18mm[②]	
2, 7-二甲基萘	35.96		16.22	MS，RI，odor		1.5	清香
2, 6-二甲基萘	36	11.90			2		芳香
1, 7-二甲基萘	36.57	5.16			1		芳香甜味
苊	38.39		40.75	MS，RI，odor		2	奇异味
二苯并呋喃	39.27	51.69	106.97	MS，RI，odor	1.5	2.5	杏仁味
菲	44.34		70.85	MS，RI，odor		1	烟味
酮类							
甲基异丁基酮	7.83	25.60			1.5		清凉感
2-甲基环戊酮	16.07	137.28		MS，RI，odor	1		臭味
烷烃							
2, 3, 6, 7-四甲基辛烷	22.54	14.97		MS，RI，odor	1		清凉感
十一烷	25.11	5.31		MS，RI，odor	2		臭味
醇类							
α, α-二甲基苯乙醇	14.7	16.52		MS，RI，odor	1.25		脂粉味
2-乙基-1-己醇	22.34		36.19	MS，RI，odor		2.25	酸臭
酯类							
2-甲基-2-丙烯酸丁酯	20.21	19.98		MS，RI，odor	1		香味
邻苯二甲酸二丁酯	46.32	20.79	54.62	MS，RI，odor	1.25	3	皮革味

注：①8mm 三聚氰胺浸渍纸贴面胶合板；②18mm 三聚氰胺浸渍纸贴面胶合板；RI.保留指数；MS.参照谱库检索结果定性；odor.根据嗅闻气味特征定性。

由图 6-19 得到 8mm/18mm 三聚氰胺浸渍纸贴面胶合板各组分质量浓度占 TVOC 质量浓度百分比。8mm 三聚氰胺浸渍纸贴面胶合板释放的主要气味物质组分为芳香烃和酮类物质，其次为酯类、烷烃、醇类，分别占 8mm 三聚氰胺浸渍纸贴面胶合板 TVOC 质量浓度的 17.18%、20.26%、5.07%、2.52%、2.05%。18mm 三聚氰胺浸渍纸贴面胶合板释放的主要气味物质为芳香烃，其次为醇类和酯类，分别占 18mm 三聚氰胺浸渍纸贴面胶合板 TVOC 质量浓度的 37.43%、4.27%、6.45%。对比可知，板材厚度增大会使得芳香烃、醇类和酯类气味物质组分的占比增加，而酮类和烷烃气味物质在板材厚度增加后未呈现气味特征。产生这种现象的原因是三聚氰胺浸渍纸贴面胶合板释放的气味特征化合物的成分和含量是由三聚氰胺浸渍纸贴面胶合板材料、板材内及贴面时使用的胶黏剂和木素自身的释放相互作用的结果。随板材的厚度的增大，胶黏剂的使用量也在增加，从而使得芳香烃物质大量释放，其次醇类和酯类物质释放量增大，但酮类和烷烃类气味物质的释放受到抑制，释放量降低。产生这种现象的原因是板材厚度的增加会使得酮类和烷烃类气味物质在板材内部的传质通量降低，释放系数降低，从而使得其释放量降低。

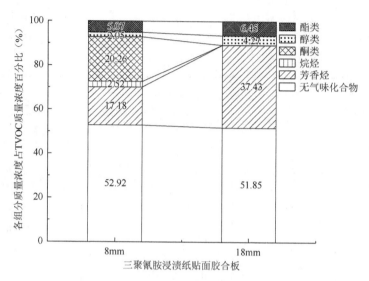

图 6-19　8mm/18mm 三聚氰胺浸渍纸贴面胶合板气味物质释放对比

6.2.4　漆饰人造板气味物质鉴定及组分分析

1. 硝基漆饰面刨花板气味物质鉴定及来源分析

硝基漆作为生产历史悠久的多品牌大漆种，拥有广泛的市场应用面和巨大的生产量。本章通过微池热萃取仪在常温常湿条件下［（23±1）℃、40%±5%］采集硝基漆饰面刨花板的气味物质，通过 GC-MS/O 技术进行检测分析，联合运用 GC-MS 内标法和感官嗅觉分析法对板材释放物质进行定性定量分析。图 6-20 是硝基漆饰面刨花板挥发性物质的 GC 总离子流图。图 6-21 为硝基漆饰面刨花板气味时间-强度谱图。

由图 6-20 和图 6-21 可以发现：硝基漆饰面刨花板 GC 总离子流主要集中的时间段为 10~20min 之间，在 0~10min，GC 总离子流数值不大，在 10min 左右时 GC 总离子流达到最大，20min 之后 GC 总离子流接近于 0。硝基漆饰面刨花板气味主要集中在 5~25min，在 10~15min 达到气味强度最大值，在 30min 和 40min 左右，仅有少数气味物质出现。

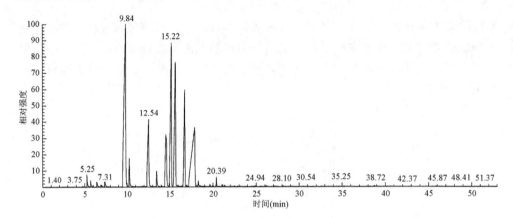

图 6-20　硝基漆饰面刨花板 GC 总离子流图

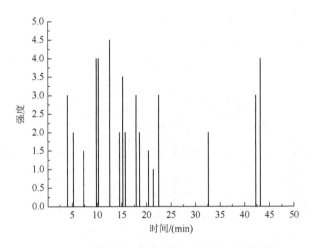

图 6-21　硝基漆饰面刨花板气味时间-强度谱图

　　检测到硝基漆饰面刨花板释放 VOCs 种类有芳香烃化合物、烷烃、酮类、酯类、醇类及少量其他物质，具体成分见表 6-29。可以发现：种类最多的是芳香烃化合物，其次是酯类和醇类，烷烃和酮类仅有少数几种物质出现。

表 6-29　硝基漆饰面刨花板释放主要成分

类别	主要成分
芳香烃化合物	乙苯、邻二甲苯、1-乙基-2-甲基苯、丙基苯、1-乙基-3-甲基苯、1, 2, 4-三甲基苯、1, 3, 5-三甲基苯、1, 2, 4, 5-四甲基苯、1, 2, 3, 4-四氢-萘、1-亚甲基-1*H*-茚、环己基苯、丁基羟基甲苯
烷烃	十一烷
酮类	2, 6-二甲基-4-庚酮、4, 6-二甲基-2-庚酮

类别	主要成分
酯类	乙酸-1-甲基丙酯、乙酸-2-甲基丙酯、丁酸乙酯、乙酸丁酯、乙酸-3-甲基-2-丁醇、乙酸-1-甲基丁酯、乙酸-2-丁氧基乙酯、2-甲基丁酸丙酯
醇类	1-丙醇、2-丁醇、2-甲基-1-丙醇、1-丁醇、3-甲基-2-丁醇、2-戊醇、2-丁氧乙醇、(E)-6-壬烯-1-醇、2-丙基-1-戊醇、2,6-二甲基-7-辛烯-2-醇

根据世界卫生组织外来化合物急性毒性分级，将所检测到的化合物进行毒性分级。表 6-30 为硝基漆饰面刨花板气味特征化合物组分分类及特征气味物质的毒性分级和气味物质可能来源等。

表 6-30　硝基漆饰面刨花板气味特征化合物组分

化合物	保留指数	质量浓度($\mu g/m^3$)	毒性分级	气味特征	气味强度	气味物质可能来源
芳香烃化合物						
乙苯	853	11147.52	低毒	芳香	3.5	刨花板本身释放、涂料溶剂
邻二甲苯	862	5326.01	低毒	苦杏仁味	2	涂料溶剂
1,2,4-三甲基苯	981	48.06	低毒	芳香	1	涂料溶剂中含有的石脑油裂解而成
1,3,5-三甲基苯	1006	16.11	低毒	特殊混杂气味	3	同上
环己基苯	1404	11.58	低毒	奶油味	2	木皮漂白处理渗透剂
1,2,4,5-四甲基苯	1108	24.99	微毒	樟脑味	0	涂料中的增塑剂
酮类						
2,6-二甲基-4-庚酮	959	302.02	微毒	薄荷香	1.5	涂料溶剂
酯类						
乙酸-1-甲基丙酯	737	3753.36	微毒	清甜果香	4	涂料溶剂、稀释剂、香料
乙酸-2-甲基丙酯	755	1111.47	微毒	清甜果香	4	涂料溶剂、稀释剂、香料
乙酸丁酯	801	4358.35	微毒	清甜果香	4.5	刨花板本身释放、涂料溶剂、稀释剂
3-甲基-2-丁醇乙酸酯	840	2446.25	微毒	香蕉味、烧焦皮革味	2	喷漆的溶剂和稀释剂
丁酸乙酯	787	20.06	微毒	甜果香	0	涂料溶剂
醇类						
2-丁醇	<600	285.72	低毒	青草香、葡萄香	2	助溶剂
(S)-(+)2-戊醇	683	336.45	低毒	酸涩葡萄酒味	1.5	涂料溶剂、香料
2-丁氧乙醇	904	23.54	低毒	皮革味	3	涂料溶剂
(E)-6-壬烯-1-醇	919	2327.82	低毒	甜橘香	2	涂料香料

实验发现：在检测到的 33 种化合物中，呈现气味特征的化合物共 14 种。芳香烃化合物、酯类和醇类为硝基漆饰面刨花板的主要气味物质来源，另外还有少量的酮类表现为气味贡献物质。其中芳香烃化合物多呈现芳香甜味，酯类化合物多呈现果香味，醇类化合物多呈现清新酸涩感。

在硝基漆饰面刨花板中，气味强度呈现较强或易感觉出的气味特征化合物有：乙酸-1-甲基丙酯（清甜果香；4）、乙酸-2-甲基丙酯（清甜果香；4）、乙酸丁酯（清甜果香；4.5）、乙苯（芳香；3.5）、1, 3, 5-三甲基苯（特殊混杂气味；3）、2-丁氧乙醇（皮革味；3）。气味强度呈现稍可感觉出的气味特征化合物有：邻二甲苯（苦杏仁味；2）、环己基苯（奶油味；2）、3-甲基-2-丁醇乙酸酯（香蕉味、烧焦皮革味；2）、2-丁醇（青草香、葡萄香；2）、(E)-6-壬烯-1-醇（甜橘香；2）、2,6-二甲基-4-庚酮（薄荷香；1.5）、(S)-（+）2-戊醇（酸涩葡萄酒味；1.5）、1, 2, 4-三甲基苯（芳香；1）。另外还有几种具有气味特征的化合物因为过低的浓度而在本实验中没有呈现气味。根据 UL 2821-2013 标准，应对硝基漆饰面刨花板所检测的化合物乙苯、邻二甲苯、乙酸丁酯、2-丁醇和 2-丁氧乙醇加以关注，这些化合物属于"在办公家具 VOCs 释放中占前 10%的化合物"。

对比表中物质的质量浓度和气味强度，可以发现：不同气味特征的化合物的气味强度和其质量浓度并没有直接的相关性，如质量浓度为 23.54μg/m³ 的 2-丁氧乙醇和质量浓度为 16.11μg/m³ 的 1, 3, 5-三甲基苯呈现出同为 3 的气味强度，同样，质量浓度为 11.58μg/m³ 的环己基苯和质量浓度为 285.72μg/m³ 的 2-丁醇呈现出同为 2 的气味强度。但是，同一种气味特征化合物的质量浓度会一定程度上影响其气味强度的大小，例如实验发现两种本应该具有气味特征的物质在实验中并未检测到气味，这两种物质分别是丁酸乙酯（甜果香）和 1, 2, 4, 5-四甲基苯（樟脑味），未检测到气味的原因可能是这两种物质的浓度分别只有 20.06μg/m³ 和 24.99μg/m³，较高的阈值使其在此相对较低的浓度下不足以引起感官评价员嗅觉上的注意，致使感官评价员无法嗅察到其存在。

实验发现，在硝基漆饰面刨花板中，相较于酮类和酯类而言，芳香烃和醇类的毒性更大。参考世界卫生组织外来化合物急性毒性分级表，发现在检测到的所有组分中，芳香烃（仅 1, 2, 4, 5-四甲基苯属于微毒分级）和醇类化合物多属于低毒范畴，其主要来源于硝基漆制作和涂装过程中溶剂、助溶剂和香料的使用，以及少量刨花板本身释放的化合物。酮类和酯类多属于微毒范围，主要来源于硝基漆制作和涂装过程中使用的溶剂、稀释剂、香料和刨花板本身释放的化合物。虽然表面涂饰处理阻止了很大一部分刨花板内 VOCs 的释放，但不能起到完全阻挡的作用。硝基漆是由硝酸纤维和其他树脂融合而成的挥发性涂料，必须使用溶剂将其稀释。硝基漆的溶剂含有多种化学成分、可挥发、化学性质活泼，它可以在末道漆、润色和修补中让涂装得以实现。但是同时，这种高浓度的溶剂会释放对人类和环境产生较大危害的挥发性物质，这同样也是硝基漆的一大缺点。稀释剂的加入是因为硝基漆的成膜物质含量较低，而黏度又比较高，需要加入大量的稀释剂以节约生产成本。增塑剂的作用是防止硝基漆漆膜在受到外力时产生脆裂、收缩和剥落，它的加入可以提高漆膜的抗冲击强度、延伸力、弯曲性能以及附着力和耐寒性。

2. 醇酸清漆饰面刨花板气味物质鉴定及来源分析

使用微池热萃取仪在常温常湿条件下 [（23±1）℃、40%±5%] 采集醇酸清漆饰面刨花板的气味物质，通过 GC-MS/O 技术进行检测分析，联合运用 GC-MS 内标法和感官嗅觉分析法对板材释放物质进行定性定量分析。图 6-22 是醇酸清漆饰面刨花板挥发性物质的 GC 总离子流图。图 6-23 为醇酸清漆饰面刨花板气味时间-强度谱图。

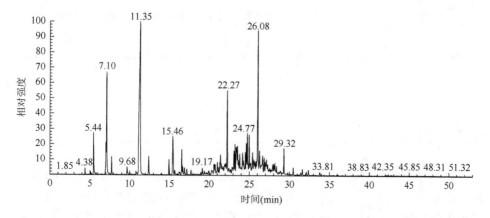

图 6-22　醇酸清漆饰面刨花板 GC 总离子流图

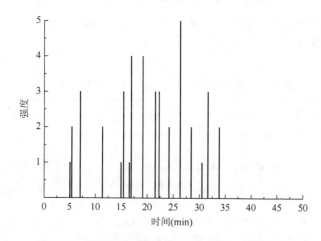

图 6-23　醇酸清漆饰面刨花板气味时间-强度谱图

　　由图 6-22 和图 6-23 可以发现：醇酸清漆饰面刨花板 GC 总离子流分布在 5～30min 之间，且主要集中在 15～30min。在 0～11min 左右，GC 总离子流整体呈现上升的趋势，并在 11.35min 达到最大值。15min 之后 GC 总离子流呈现不规则的变化。在 30min 后仅有少数物质出现。醇酸清漆饰面刨花板气味分布在 5～35min 之间，密集出现在 15～35min，在 25min 左右达到气味强度最大值。醇酸清漆饰面刨花板释放 VOCs 种类有芳香烃化合物、烷烃、醛类、酯类、醇类，具体成分见表 6-31。可以发现：种类最多的是烷烃类物质，其次是芳香烃化合物和醛类物质。

表 6-31　醇酸清漆饰面刨花板释放主要成分

分类	主要成分
芳香烃化合物	乙苯、对二甲苯、1,3-二甲基苯、反十氢萘、反式-4α-甲基十氢萘、2-甲基萘
烷烃	戊烷、1,2-二氯丙烷、庚烷、辛烷、1,2,3-三氯丙烷、壬烷、丙基环己烷、3,6-二甲基-辛烷、2-甲基-壬烷、3-甲基-壬烷、1-甲基-3-丙基-环己烷、癸烷、2,6-二甲基-壬烷、4-乙基庚烷、4-甲基癸烷、2-甲基癸烷、3-甲基癸烷、十一烷、3-甲基-十一烷、十二烷、2,6-二甲基-十一烷
醛类	丁醛、戊醛、己醛、庚烯醛、(E)-2-癸醛、2-十一烯醛
酯类	乙酸乙酯
醇类	1,3-二氯-2-丙醇

　　表 6-32 为醇酸清漆饰面刨花板气味特征化合物组分分类及特征气味物质的毒性分级和气味物质可能来源等。实验发现：在检测到的 35 种化合物中，呈现气味特征的化合物共有 18 种，芳香烃化合物、醛类和烷烃为醇酸清漆饰面刨花板的主要气味物质来源，另外还有少量的酯类化合物表现为气味贡献物质。其中芳香烃化合物多呈现芳香甜味和青草香，醛类化合物多呈现植物香，烷烃化合物多呈现不宜人香气，酯类物质呈现甜香。

表 6-32　醇酸清漆饰面刨花板气味特征化合物组分

化合物	保留指数	质量浓度(μg/m³)	毒性分级	气味特征	气味强度	气味物质可能来源
芳香烃化合物						
乙苯	848	203.47	低毒	芳香	1	刨花板本身释放、涂料溶剂
对二甲苯	857	860.22	低毒	刺激性、芳香、酸味	3.5	涂料溶剂
1,3-二甲基苯	879	332.98	低毒	芳香甜味	3.5	刨花板本身释放、涂料溶剂
反十氢萘	1052	198.15	低毒	淡枯草味	2	涂料溶剂

续表

化合物	保留指数	质量浓度 (μg/m³)	毒性分级	气味特征	气味强度	气味物质可能来源
反式-4α-甲基十氢萘	1110	181.60	低毒	青草香	4.5	涂料溶剂（反应作用）
2-甲基萘	1336	133.81	低毒	青涩杏仁味	3	助溶（表面活性剂、分散剂）
烷烃						
1, 2-二氯丙烷	673	1202.75	低毒	清甜香	3	涂料溶剂
1, 2, 3-三氯丙烷	885	86.71	中毒	恶心臭味	4.5	涂料溶剂
1-甲基-3-丙基-环己烷	985	87.48	低毒	清凉感	3.5	涂料溶剂（反应作用）
癸烷	1001	1013.47	低毒	油脂氧化味道	3	溶剂
3-甲基-十一烷	1173	84.39	低毒	酸败味	2	—
醛类						
丁醛	<600	31.22	低毒	清香	1	挥发性副产物、合成醇酸树脂的增塑剂、香料
戊醛	668	286.09	低毒	刺激焦味	3	挥发性副产物、促进剂、香料
己醛	778	2166.87	低毒	青草香	2.5	挥发性副产物、涂料中的增塑剂
庚烯醛	932	115.90	低毒	松油香	4	挥发性副产物、香料
(E)-2-癸醛	1263	104.67	低毒	中药味	1.5	挥发性副产物、香料
2-十一烯醛	1422	34.83	低毒	花香	2	挥发性副产物、香料
酯类						
乙酸乙酯	<600	461.89	微毒	清甜香	2	涂料溶剂、黏合剂溶剂

在醇酸清漆饰面刨花板中，气味强度呈现较强和易感觉出的气味特征化合物有：对二甲苯（刺激性、芳香、酸味；3.5）、反式-4α-甲基十氢萘（青草香；4.5）、2-甲基萘（青涩杏仁味；3）、1, 2-二氯丙烷（清甜香；3）、1, 3-二甲基苯（芳香甜味；3.5）、1, 2, 3-三氯丙烷（恶心臭味；4.5）、1-甲基-3-丙基-环己烷（清凉感；3.5）、癸烷（油脂氧化味道；3）、戊醛（刺激焦味；3）、庚烯醛（松油香；4）。气味强度呈现稍可感觉出或勉强可感觉出的气味特征化合物有：乙苯（芳香；1）、反十氢萘（淡枯草香；2）、3-甲基-十一烷（酸败味；2）、丁醛（清香；1）、己醛（青草香；2.5）、(E)-2-癸醛（中药味；1.5）、2-十一烯醛（花香；2）、乙酸乙酯（清甜香；2）。其中，所检测到的乙苯、对二甲苯和2-癸醛属于标准 UL2821-2013 中列出的"在办公家具 VOCs 释放中占前 10%的化合物"，应特别关注。可以发现，与硝基漆特性相同：不同气味特征的化合物的气味强度和其质量浓度并没有

直接的相关性，如质量浓度为 860.22μg/m³ 的对二甲苯和质量浓度为 332.98μg/m³ 的 1, 3-二甲基苯呈现出同为 3.5 的气味强度。但是同一种气味特征化合物的质量浓度会一定程度上影响其气味强度的大小。

结合毒性分级情况，发现醇酸清漆饰面刨花板释放的气味特征物质多数属于低毒分级，其中芳香烃化合物和醛类物质全部为低毒，烷烃类化合物除 1, 2, 3-三氯丙烷属于中毒分级，其他也均属于低毒分级。仅包括乙酸乙酯一种化合物的酯类物质属于微毒分级。醇酸清漆饰面刨花板释放的气味特征物质中毒性最强的 1, 2, 3-三氯丙烷最可能来源于醇酸清漆溶剂，它属于中毒分级。1, 2, 3-三氯丙烷能够清除金属表面涂料及油漆，是一种较好的溶剂。属于微毒的酯类物质乙酸乙酯也最可能来源于涂料溶剂，除此之外也可能来源于前期薄木热压使用的胶黏剂和溶剂。芳香烃化合物主要来源于刨花板本身释放、涂料溶剂以及溶剂间的反应作用和表面活性剂、分散剂等助剂。烷烃类化合物主要来源于涂料溶剂以及溶剂间的反应作用。醛类化合物主要来源于挥发性副产物、增塑剂、促进剂以及香料。酯类物质来源于涂料溶剂和前期处理黏合剂溶剂。

与硝基漆一样，醇酸清漆中溶剂的添加是为了使其稀释成型，且在上漆的过程因溶剂具有的挥发性而形成漆涂层。作为助剂的表面活性剂的添加是为改进生产工艺、优化施工条件，进而使得产品质量和经济效益得到提高。颜料润湿分散剂的主要作用为提高生产效率、降低成本、提高涂料的储存稳定性、改善漆膜状态。

3. 水性漆饰面刨花板气味物质鉴定及来源分析

使用微池热萃取仪在常温常湿条件下 [（23±1）℃、40%±5%] 采集水性漆饰面刨花板的气味物质，通过 GC-MS/O 技术进行检测分析，联合运用 GC-MS 内标法和感官嗅觉分析法对板材释放物质进行定性定量分析。图 6-24 是水性漆饰面刨花板挥发性物质的 GC 总离子流图。图 6-25 为水性漆饰面刨花板气味时间-强度谱图。

由图 6-24 和图 6-25 可以发现：水性漆饰面刨花板 GC 总离子流主要集中分布在 15min、20min 以及 30min 周围。在 0~9min，有很少强度不大的 GC 总离子流出现。20min 左右时 GC 总离子流变大，在 30min 左右达到最大值。水性漆饰面刨花板气味主要集中在 15~25min，在 18min 左右气味强度达到最大。

检测到水性漆饰面刨花板释放 VOCs 共 19 种，包括芳香烃化合物、烷烃、酯类、醇类及少量其他类物质，具体成分见表 6-33。可以发现：种类最多的是芳香烃化合物，其次是酯类和醇类，烷烃类物质出现的种类最少，仅有一种。出现的其他类化合物包括烯类、醚类及酸类物质。

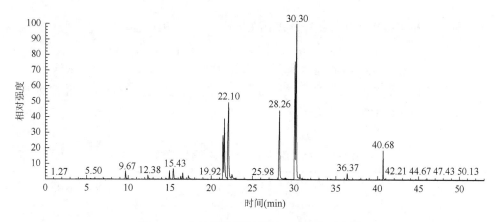

图 6-24　水性漆饰面刨花板 GC 总离子流图

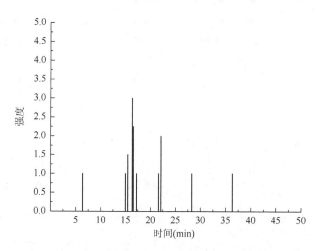

图 6-25　水性漆饰面刨花板气味时间-强度谱图

表 6-33　水性漆饰面刨花板释放主要成分

类别	主要成分
芳香烃化合物	苯、乙苯、对二甲苯、苯乙烯、1,3-二甲基苯、1-乙基-2-甲基苯、1-乙基-3-甲基苯
烷烃	六甲基环三硅氧烷
酯类	乙酸乙酯、乙酸-2-甲基丙酯、乙酸丁酯、邻苯二甲酸二甲酯、1，2-二甲基乙酸丙酯、2-甲基丙酸-1-（1，1-二甲基乙基）-2-甲基-1,3-丙二酯
醇类	2-丁氧乙醇、1-（2-甲氧基丙氧基）-2-丙醇、2-（2-丁氧基乙氧基）-乙醇
其他	二甲基二氮烯、二丙二醇单甲醚

表6-34为水性漆饰面刨花板气味特征化合物组分分类及特征气味物质毒性分

级和气味物质可能来源等。实验发现：在检测到的 19 种化合物中，呈现气味特征的化合物共有 10 种。芳香烃化合物、醇类为水性漆饰面刨花板的主要气味物质来源，另外酯类和醚类化合物也表现为气味贡献物质。水性漆饰面刨花板释放的主要气味物质中，芳香烃化合物多呈现芳香，醇类物质呈现多种香味，醚类物质呈现乙醇味，酯类化合物呈现清凉感。

表 6-34　水性漆饰面刨花板特征化合物组分

化合物	保留指数	质量浓度(μg/m³)	毒性分级	气味特征	气味强度	气味物质可能来源
芳香烃化合物						
苯	640	9.08	低毒	焦味	1	刨花板本身释放
乙苯	848	209.75	低毒	芳香	1	刨花板本身释放
对二甲苯	857	475.12	微毒	芳香	1.5	涂料本身释放
苯乙烯	874	87.08	低毒	奶油味	3	刨花板本身释放
1,3-二甲基苯	878	183.84	低毒	芳香甜味	2.25	刨花板本身释放、香料
1-乙基-2-甲基苯	911	6.73	低毒	混杂气体	0	—
酯类						
乙酸乙酯	600	8.70	微毒	清甜香	0	黏合剂溶剂
乙酸-2-甲基丙酯	758	7.64	微毒	清甜果香	0	香料
乙酸丁酯	800	70.71	微毒	清甜果香	0	刨花板本身释放、香料
邻苯二甲酸二甲酯	1462	146.23	微毒	清凉油味	1	水性漆中增塑剂
醇类						
2-丁氧乙醇	890	71.40	低毒	皮革味、酱香	3.5	染料分散剂
1-（2-甲氧基丙氧基）-2-丙醇	998	1140.99	微毒	混杂味道	2	水性漆中分散剂
2-（2-丁氧基乙氧基）-乙醇	1169	3362.85	微毒	清香	1	胶黏剂的稀释剂
醚类						
二丙二醇单甲醚	986	1851.48	微毒	乙醇味	1	水基稀释涂料的偶联剂、水基涂料的活性溶剂

　　气味强度呈现易感觉出的气味特征化合物有：苯乙烯（奶油味；3）、2-丁氧乙醇（皮革味、酱香；3.5）。气味强度呈现稍可察觉出或勉强可感觉出的气味特征化合物有：苯（焦味；1）、乙苯（芳香；1）、1,3-二甲基苯（芳香甜味；2.25）、1-（2-甲氧基丙氧基）-2-丙醇（混杂味道；2）、2-（2-丁氧基乙氧基）-乙醇（清香；1）、二丙二醇单甲醚（乙醇味；1）、邻苯二甲酸二甲酯（清凉油味；1）。其

中，检测到的苯、乙苯、对二甲苯、苯乙烯、乙酸丁酯、2-丁氧乙醇、2-（2-丁氧基乙氧基）-乙醇和二丙二醇单甲醚属于标准 UL 2821-2013 中所列出"在办公家具 VOCs 释放中占前 10%的化合物"，应该特别加以重视。

结合表 6-34 中水性漆饰面刨花板气味特征化合物毒性及可能来源分析，可以发现，在水性漆饰面刨花板中，相较于酯类和醚类而言，芳香烃和醇类的毒性更大。参考世界卫生组织外来化合物急性毒性分级，芳香烃多属于低毒范畴，酯类、醇类和醚类多属于微毒范畴。其中芳香烃化合物多数来源于刨花板本身的释放，醇类物质来源于水性漆和染料中分散剂、胶黏剂中稀释剂，酯类物质来源于水性漆中增塑剂，醚类来源于水基稀释涂料的偶联剂和水基涂料的活性溶剂。

对比表中物质的质量浓度和气味强度，同样可以发现：相同气味强度的不同化合物其浓度差异很大，说明不同气味特征化合物的气味强度和其质量浓度没有必然关联和直接相关性。但是，同一种气味特征化合物的质量浓度会一定程度上影响其气味强度的大小，较高的阈值使得这些物质在相对较低的浓度下不足以引起感官评价员嗅觉上的注意，以致无法嗅察到其存在。例如，1-乙基-2-甲基苯（混杂气体）、乙酸乙酯（清甜香）、乙酸-2-甲基丙酯（清甜果香）和乙酸丁酯（清甜果香），这些物质的浓度分别只有 $6.73\mu g/m^3$、$8.70\mu g/m^3$、$7.64\mu g/m^3$ 和 $70.71\mu g/m^3$，过低的浓度使得感官评价员未察觉到这些物质。

6.3　饰面人造板气味释放对空气质量影响的综合评价初探

6.3.1　人造板释放 VOCs 和气味评价的必要性

时代的进步和互联网的高速发展使得人类在室内生活的时间相比从前更多。相关学者指出，造成室内空气污染的主要原因为由通风产生的颗粒和 VOCs，无机污染源很少存在于室内环境。而这些来自于家具制品的 VOCs 更是危害人类身体健康的一大隐形杀手。相比实木家具，人造板因其更高的性价比和越来越精湛的装饰工艺受到大多数家庭的青睐。为了给室内空气质量的判断提供依据，有效保障人类居住环境，许多学者将室内空气质量评价作为一种可以用来认识并且研究室内环境问题的比较科学的方法。合理选择现有评价标准，对目前市场上人造板进行综合性评价，根据评价结果鉴别其对人类身体健康的影响、探索有效控制措施具有重要意义。

在以往的检测方法中，人类对室内空气污染的关注主要为 VOCs 浓度与毒性的关系，然而关于室内异味影响的研究罕见报道。这是因为一些化合物在浓度低于现有标准限定值的情况下仍能产生异味。人类长久生活在异味污染环境会给自身造成多重影响。因此有必要从 VOCs 浓度和感官刺激两方面对室内空气质量进行综合评价。将实验设备和人类的感觉器官相结合，能够克服单一主观或者客观鉴定的局限性，从而全面正确反映室内空气情况。

6.3.2　室内空气质量评价方法及标准的选择

室内空气质量评价是对人类居住室内环境众多因素通过数字定量的手段以及感知方法进行有效科学分析的一种评价方式。其方法主要分为：客观法、主观法和主客观相结合的评价方法。

客观法是指通过室内有害物质数字化指标判定室内空气质量的方法。这种方法需要选取特定具有代表性的几类有害物质作为检测指标，从而客观、有效地鉴定室内空气质量。目前使用的客观评价法主要有：达标法、检测法、模糊法、灰色综合法、财务信用评价模型法、人体模型法以及计算机模型模拟法等。主观法是基于人类感觉感受对环境进行评价和鉴定的一种方法。该方法一方面反映室内环境对人类健康的影响，另一方面表达对不同环境因素的感受。该方法主要分为：嗅觉法、分贝概念法、线性可视模拟比例尺法、德国 VDI 方法、视觉调查法和简单识别法。主客观相结合的评价方法是通过结合主观和客观评价两种方法来实现对室内空气质量的评定。

本章在主客观相结合评价方法的基础上，使用客观评价法中的综合指数评价法和嗅觉评价方法。

1. 综合指数评价法

沈晋明教授在 20 世纪末期建立了综合指数评价法这一体系。这种评价法不仅契合国际通用模式，更符合我国国情。它采用危害物浓度与标准浓度的相对数值，直观易懂地评价了不同危害物对室内空气影响的程度。空气质量指数也称为空气污染指数（air pollution index，API），它使用危害物对空气影响程度的数值来表示。以综合指数作为主要评价指标，结合各类物质分指数评价值，使得室内空气质量全面准确的评价得以实现。其中，分指数公式为

$$A = \frac{C_i}{S_i} \tag{6-3}$$

其中，C_i 代表各污染物浓度，μg/m³；S_i 代表污染物浓度限量值。$A < 1$ 为达标，$A > 1$ 为污染，且 A 数值越大，表示此类物质的污染越严重。

各分指数的算数平均指数为

$$Q = \frac{1}{n} \sum_{i=1}^{n} \frac{C_i}{S_i} \tag{6-4}$$

室内空气质量的高低主要通过综合指数 I 反映，综合指数是由分指数有机组合而成的一种综合性评价指标，公式为

$$I = \sqrt{\left(\frac{1}{n}\sum_{i=1}^{n}\frac{C_i}{S_i}\right)\max\left(\frac{C_1}{C_2},\frac{C_2}{S_2},\cdots,\frac{C_n}{S_n}\right)} \qquad (6\text{-}5)$$

本章使用 Bernd 提出的室内空气中各类 VOCs 浓度指导限值作为评价上限、芳香烃类化合物、醛酮类化合物（不包括甲醛）、烷烃化合物、酯类化合物、烯烃类化合物、卤代烃类化合物及总挥发性有机化合物（TVOC）质量浓度限值分别为 $50\mu g/m^3$、$20\mu g/m^3$、$100\mu g/m^3$、$20\mu g/m^3$、$30\mu g/m^3$、$50\mu g/m^3$ 和 $300\mu g/m^3$。通过综合评价指数将室内空气危害物等级分为五级，见表 3-5。当综合指数<0.5 时为适宜环境，可以达到最大的满意度。当 $1.50>I\geqslant1$ 时达到轻度污染，$I\geqslant2$ 为重度污染，需重点防护。

2. 嗅觉评价方法

气味物质组成复杂，不同化合物之间可以发生相互影响。以两种组分混合气味为例，气味化合物间的作用对整体气味强度的影响可分为：总气味强度等于单体化合物气味强度之和的融合作用、总气味强度大于单体化合物气味强度之和的协同作用、总气味强度小于单体化合物气味强度之和的拮抗作用、总气味强度由某一种气味成分决定的无关效应。考虑到多种化合物之间复杂的相互作用，本章仅以融合作用的一般影响分析板材总气味强度。

嗅觉评价法基于 P. O. Fanger 教授定义的预计不满意空气质量（predicted dissatisfied air）和简单识别方法，着重考虑人类的主观性体验。Fanger 教授使用人类的感官嗅觉对室内空气质量进行评价，他提出并定义了两个新的单位。他定义 1olf 污染源强度单位为一个标准人（年龄为 18~30 岁，处于舒适状态静坐的白领阶层或大学生。其平均每天洗澡频率 0.7 次/天，更换内衣频率 1 次/天，体表面积 $1.7m^2$）污染物的总散发量。同时定义 1deeipol 为以 10L/s 未污染空气稀释 1olf 污染后所获得的室内空气质量，即 1deeipol = 0.1 olf（L/s）。使用对于空气质量预期不达标的百分比来评价室内空气质量，即 PDA 计算公式如下：

$$PDA = \exp(5.98 - \sqrt[4]{112}/C) \qquad (6\text{-}6)$$

其中，
$$C = C_0 + 10G/Q$$

式中，C 表示室内空气质量的感知值，deeipol；C_0 表示室外空气质量的感知值，deeipol；G 表示室内空气及通风系统的污染物源强，olf；Q 表示新风量，L/s。

美国 ASHRAE standard 62-2001 中规定：考虑到大多数污染物是有气味或有刺激性的，以一般访问者的形式进入室内，在 15s 内做出相关独立判断，当评价组中不高于 20%（此时 PDA 为 20%）认定室内空气含有对人类具有影响的污染

物，或对一些特征设备使用或居住状态提出异议，这时的室内空气质量可以被认定为可以接受。

由上述公式发现，新风量对 PDA 具有直接的影响，在一定室内空气及通风系统的污染物源强的条件下，新风量越大，PDA 越小，即对空气质量表示满意的比例越高。所以本章在严格限定实验环境通风量的基础上进行实验。在此基础上，以人的感觉器官作为评价工具和手段，单个物质等级见表 6-35。

表 6-35　室内气味质量等级

级别	表示方法	舒适性评价
A	无臭	完全舒适
B	勉强可感觉出的气味（检测阈值）	一般舒适
C	稍可感觉出的气味（认定阈值）	除了敏感者外，多数人感觉良好
D	易感觉出的气味	舒适性受到一般影响
E	较强的气味（强臭）	舒适性受到较强影响
F	强烈的气味（剧臭）	舒适性受到严重影响

6.3.3　贴面刨花板释放 TVOC 及气味的综合评价

使用主客观相结合评价方法，结合室内 VOCs 质量等级和室内气味质量等级，对贴面刨花板及其刨花板素板的 TVOC 及气味进行评价。并结合表 6-36～表 6-38 绘制图 6-26，以便更直观地分析。其中图 6-26（a）为三种板材综合指数随时间的变化趋势。图 6-26（b）、（c）、（d）分别为刨花板素板、PVC 贴面刨花板和三聚氰胺贴面刨花板的气味评级随时间的变化。

表 6-36　刨花板素板空气质量评价分析指标

时间(d)	A						综合评价指数 I	VOCs 评级	总气味强度	气味评级
	芳香烃	醛酮类	烷烃类	酯类	烯烃类	TVOC				
1	13.75	1.30	0.86	1.03	0.30	2.78	6.77	V	14.00	E
3	10.74	1.03	0.69	0.96	0.00	2.15	5.78	V	10.00	D
7	8.06	0.63	0.51	1.97	0.00	1.69	4.55	V	7.75	D
14	5.94	0.30	0.51	2.77	0.00	1.36	3.60	V	6.25	C
21	3.91	0.00	0.45	3.23	1.02	1.02	2.90	V	4.50	B
28	2.48	0.00	0.38	3.45	0.00	0.82	2.48	V	4.00	B

表 6-37　8mm PVC 贴面刨花板空气质量评价分析指标

时间(d)	A						综合评价指数 I	VOCs评级	总气味强度	气味评级
	芳香烃	醛酮类	烷烃类	酯类	烯烃类	TVOC				
1	1.67	9.24	1.35	13.37	1.56	2.39	8.12	V	9.25	D
3	1.10	4.06	1.15	7.00	1.14	1.42	3.28	V	6.25	D
7	0.68	3.33	0.79	3.26	0.76	0.89	2.32	V	5.50	C
14	0.65	1.71	0.85	2.22	0.34	0.69	1.55	IV	5.00	B
21	0.59	1.49	0.84	2.07	0.00	0.61	1.52	IV	5.25	B
28	0.49	0.78	0.86	0.96	0.00	0.68	0.85	II	4.75	A

表 6-38　8mm 三聚氰胺贴面刨花板空气质量评价分析指标

时间(d)	A						综合评价指数 I	VOCs评级	总气味强度	气味评级
	芳香烃	醛酮类	烷烃类	酯类	烯烃类	TVOC				
1	9.04	4.14	0.84	6.87	1.54	2.68	6.15	V	7.75	D
3	4.73	2.03	0.77	3.60	1.00	1.52	3.28	V	6.50	D
7	1.54	1.62	0.60	1.86	0.64	0.75	1.47	III	4.50	C
14	1.44	1.55	0.59	0.99	0.54	0.66	1.22	III	4.00	B
21	0.89	1.06	0.55	1.21	0.38	0.52	0.96	II	3.75	A
28	0.25	0.96	0.55	0.78	0.18	0.36	0.70	II	3.75	A

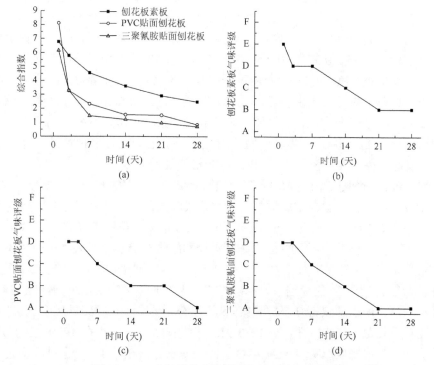

图 6-26　三种板材综合指数及气味评价变化趋势

　　刨花板素板的空气质量评价分析指标如表 6-36 所示。从第 1 天到第 28 天，刨花板素板的综合评价指数 I 均未达到小于 1 的未污染标准，其原因为芳香烃化合物严重超标。综合评价指数 I 是兼顾最大分指数和算数平均指数的一种评价方法，所以即使在 TVOC 分指数 A 在第 28 天达到了小于 1 的标准，刨花板素板的综合评价指数 I 依然未达标。这反映了综合指数评价法对单一化合物浓度限量的关注，能够针对性地发现评价过程中的问题，准确反映空气质量的客观情况。

　　在释放的气味方面，刨花板素板在第 1 天为 E 级，会对人类造成较强影响，第 3～7 天为 D 级，会对人类产生一般影响，在第 14 天进入良好的状态 C 级，随后在第 21 天达到 B 级的一般舒适状态。根据综合指数评价法，刨花板素板从第 1 天到第 28 天均属于 V 评级，会使得人群健康受严重伤害。虽然刨花板素板的气味评级在第 21 天和第 28 天已经达到一般舒适状态，但由于其 VOCs 的严重危害仍不适合使用。仅针对本章中使用的刨花板素板而言，鉴于其释放 VOCs 浓度高、释放周期长、对人类危害性大等诸多原因，不建议单一刨花板素板直接应用于室内装饰，必须对其进行一定处理，以降低其危害性。

　　对 8mm PVC 贴面刨花板进行分析，得到空气质量评价分析指标（表 6-37）。初始阶段，醛酮类化合物和酯类化合物对人类产生主要影响，其分指数分别超出 8.24 倍和 12.37 倍。不能通过单一对 TVOC 质量浓度的分指数判定板材危害性。例如，在第 7 天、14 天、21 天，PVC 贴面刨花板 TVOC 分指数 A 已符合小于 1 的标准值，但其中释放的酯类物质仍然会对人类产生危害，所以其综合评价指数也分别超标 1.32 倍、0.55 倍和 0.52 倍。在第 21～28 天，PVC 贴面刨花板对人类的危害大大减小，其 VOCs 评级由 IV 升为 II，各组分分指数都达到了 $A<1$ 的达标状态。此时气味评级也由一般舒适转为完全舒适。气味评级显示，第 1～3 天 PVC 贴面刨花板的气味会对人类产生一般影响，第 7 天进入良好状态，在第 14～21 天达到一般舒适状态，第 28 天达到完全舒适状态。结合两种指标，建议 PVC 贴面刨花板自生产至少陈放 28 天以达到合格的质量评级。

　　对 8mm 三聚氰胺贴面刨花板进行分析，得到空气质量评价分析指标（表 6-38）。初始阶段，酯类、芳香烃和醛酮类对人类造成较大危害，其分指数分别超出 5.87 倍、8.04 倍和 3.14 倍。在第 7～14 天，三聚氰胺贴面刨花板 TVOC 分指数 A 达到 <1 的标准值，但其中释放的酯类、芳香烃和醛酮类仍然会对人类产生危害，对应综合评价指数 I 分别超标 0.47 倍、0.22 倍，VOCs 评级均为 III。在第 21 天，综合评价指数 I 达到 <1 的标准值，评级均为 II，但此时酯类物质的分指数 A 为 1.21，仍超标 0.21，所以建议持续释放至第 28 天以获得更高评价等级的综合评价指数 I 和各组分分指数。气味方面，第 1～3 天三聚氰胺贴面刨花板的气味评级为 D，会对人类产生一般影响，第 7 天进入 C 级的良好状态，在第 14 天达到 B 级别的一般舒适状态，在第 21 天达到完全舒适状态。结合综合指数评价法和气味质量评级，

建议刚生产出的三聚氰胺贴面刨花板至少进行 28 天的陈放以达到合格的质量评级，减少对人体的伤害。

6.3.4　漆饰刨花板释放 TVOC 及气味的综合评价

使用主客观相结合评价方法,结合室内 VOCs 质量等级和室内气味质量等级,对硝基漆饰面刨花板和水性漆饰面刨花板的 TVOC 及气味进行评价。

硝基漆饰面刨花板的空气质量评价分析指标如表 6-39 所示。虽然硝基漆饰面刨花板 TVOC 质量浓度在第 35 天已经达到平衡状态,但综合主观评价和客观评价发现此时它仍不适宜使用。从第 1 天到第 42 天,硝基漆饰面刨花板的综合评价指数 I 为 V 级,属于重度污染。其中第 1 天到第 3 天气味评级为 F,会使舒适性受到严重影响。在第 7 天气味评级上升到 E,舒适性受到较强影响。在第 14 天到第 28 天,气味评级为 D,属一般影响。随后在第 35 天达到 C 级别的良好状态。在第 42 到第 49 天为 B 级别的一般舒适状态。在第 49 天综合评价指数 I 升高为III级轻度污染的级别,在第 56 天达到 II 级未污染级别,此时气味评级已达到 A 级别完全舒适的状态,但酯类物质的分指数 A 仍大于 1,所以持续释放至第 63 天,此时硝基漆饰面刨花板的综合评价指数和各组分分指数均达标,已经达到适宜使用的状态。

表 6-39　硝基漆饰面刨花板空气质量评价分析指标

| 时间(d) | A | | | | | | 综合评价指数 I | VOCs 评级 | 总气味强度 | 气味评级 |
	芳香烃	醛酮类	烷烃类	酯类	烯烃类	TVOC				
1	563.24	30.35	0.26	1018.93	0.00	183.21	604.98	V	36.00	F
3	181.37	20.42	3.16	416.12	0.00	67.05	239.31	V	20.50	F
7	84.09	6.34	2.41	255.15	0.00	35.59	139.91	V	16.50	E
14	31.75	5.02	2.02	68.36	0.00	12.19	40.39	V	12.00	D
21	9.09	3.21	1.20	27.49	0.00	4.30	15.78	V	8.50	D
28	8.54	1.75	0.31	36.44	0.00	4.34	19.35	V	8.25	D
35	2.09	0.73	0.22	9.65	0.00	1.68	5.27	V	7.75	C
42	1.54	0.56	0.15	4.26	0.00	0.97	2.52	V	7.00	B
49	0.91	0.48	0.13	2.21	0.00	0.87	1.43	III	6.50	B
56	0.83	0.41	0.00	1.15	0.00	0.68	0.84	II	6.50	A
63	0.64	0.37	0.00	0.87	0.00	0.61	0.66	II	6.00	A

水性漆饰面刨花板的空气质量评价分析指标如表 6-40 所示。同硝基漆饰面刨

花板类似，其 TVOC 质量浓度虽然在第 35 天已经达到平衡状态，但综合主观评价和客观评价仍不达标。第 1 天到第 35 天，水性漆饰面刨花板的综合评价指数均为 V 级，属于重度污染，对人类健康危害严重。其中第 1 天到第 3 天的气味评级为 C，属于良好级别，第 7 天到第 21 天的气味评级为 B，达到一般舒适状态。在第 28 天达到完全舒适状态。水性漆饰面刨花板的综合评价指数在第 42 天达到 IV 级别的中度污染状态，在第 49 天达到 II 级别的未污染状态。

表 6-40　水性漆饰面刨花板空气质量评价分析指标

| 时间(d) | A | | | | | | 综合评价指数 I | VOCs 评级 | 总气味强度 | 气味评级 |
	芳香烃	醛酮类	烷烃类	酯类	烯烃类	TVOC				
1	22.48	0.00	0.17	4.35	0.00	27.63	15.67	V	17.25	C
3	15.30	0.00	0.10	9.86	0.00	18.90	11.62	V	12.25	C
7	8.44	2.11	0.32	7.74	0.00	11.55	7.13	V	10.00	B
14	7.51	1.03	0.67	5.01	0.00	6.26	5.55	V	8.50	B
21	6.51	0.79	0.55	3.98	0.00	2.99	4.39	V	7.00	B
28	6.03	0.96	0.33	3.21	0.00	1.60	3.82	V	6.25	A
35	5.93	0.47	0.59	2.52	0.00	1.55	3.62	V	6.75	A
42	2.12	0.39	0.44	1.25	0.00	1.12	1.50	IV	6.25	A
49	0.98	0.31	0.46	0.64	0.00	0.64	0.77	II	6.00	A

由图 6-27 可以发现，对比水性漆饰面刨花板，硝基漆饰面刨花板释放的 VOCs 对人体的影响更大，硝基漆饰面刨花板初始状态综合评价指数 I 相比正常状态超标 600 多倍，应特别注意防护。水性漆饰面刨花板在第 1 天到第 42 天也未达到标准值，但其综合评价指数相比硝基漆饰面刨花板大大降低。两种板材均以芳香烃

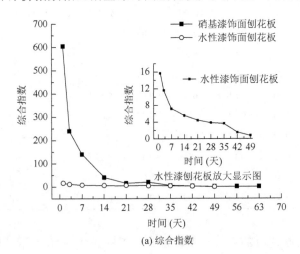

(a) 综合指数

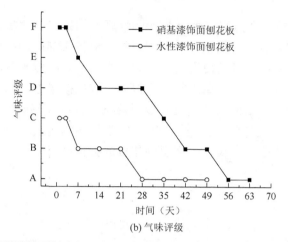

(b) 气味评级

图 6-27　硝基漆饰面刨花板、水性漆饰面刨花板综合指数及气味评价变化趋势

化合物和酯类化合物的超标最为严重。相比硝基漆饰面刨花板，水性漆饰面刨花板为更适宜的室内装饰材料。

6.3.5　饰面人造板总气味强度与气味评级的相关性分析

为探究总气味强度和气味评级的相关性，将气味评级定义为 z，影响程度定义为 y，总气味强度定义为 x。当 $z = 1$、2、3、4、5、6 时，分别对应气味评级 A、B、C、D、E、F 级别。使用五进四退的方式定义 y 与 z 之间的关系，即若 y 值出现非整数情况，当其十分位≥5 时，z 值归为下一级别，否则归为上一级别，具体见表 6-41。在此基础上，通过建立 x、y、z 之间的关系，拟建立几种饰面人造板总气味强度和气味评价的相关性。

表 6-41　气味评级 z 与影响程度 y 的定义关系

气味评级	z	y
A	1	$\in [0, 1.5)$
B	2	$\in [1.5, 2.5)$
C	3	$\in [2.5, 3.5)$
D	4	$\in [3.5, 4.5)$
E	5	$\in [4.5, 5.5)$
F	6	$\in [5.5, +\infty)$

通过对几种板材总气味强度 x 与影响程度 y 的拟合性分析，发现刨花板素板、PVC 贴面刨花板、三聚氰胺贴面刨花板、硝基漆饰面刨花板和水性漆饰面刨花板 x 和 y 的关系均可以使用高斯函数进行拟合。类似于多项式拟合中使用的幂函数，高斯拟合中以高斯函数进行拟合，这种拟合方法相比多项式拟合更为简单快捷。根据高斯函数得到几种板材总气味强度和气味评级的拟合关系，如图 6-28 所示。分别绘制刨花板素板、PVC 贴面刨花板、三聚氰胺贴面刨花板、硝基漆饰面刨花板和水性漆饰面刨花板的拟合曲线，并标记高斯函数拟合公式。

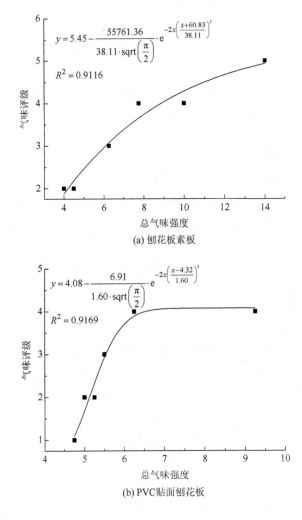

(a) 刨花板素板

(b) PVC贴面刨花板

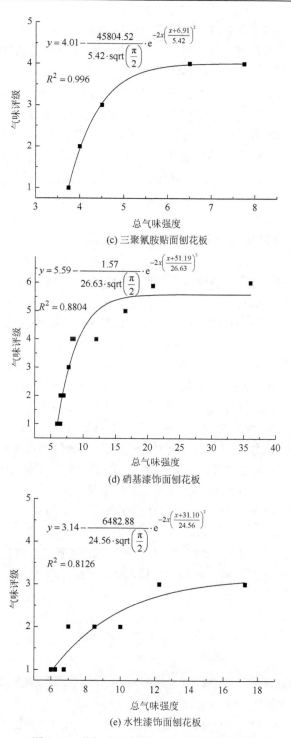

(c) 三聚氰胺贴面刨花板

(d) 硝基漆饰面刨花板

(e) 水性漆饰面刨花板

图 6-28　总气味强度和气味评级相关性分析

由图 6-28 可以看出，总气味强度和气味评级通过高斯函数可以建立良好的拟合关系。对本章使用的五种板材而言，五种板材均呈现随着总气味强度在一定范围升高，影响程度非线性增大的趋势。当总气味强度增加一定程度，气味评级不随之继续增加，而是趋于某一特定值。当总气味强度处于相对较低的数值时，其变化会给人类的主观舒适性带来较大影响。当总气味强度增加到某一特定值时，其气味评级不继续随着总气味强度数值的升高而产生变化。总气味强度是各个单体气味强度的总和，但由于不同单体气味间会发生增强、抵消或以某种气味为主代替总气味感受等，不同板材总气味强度与气味评级虽呈良好的相关性，但总气味强度大小对应气味评级的值是有差别的。

6.3.6　人造板 VOCs 及气味释放的控制措施

基于以上对饰面刨花板 VOCs 和气味的研究和综合评价，提出以下控制措施，以减小其对人类健康的危害。

（1）改善、调节室内环境及条件。由上述研究可知，通过加大新鲜空气的通入量可以使得室内 VOCs 及气味评级提升。具体措施包括完善室内通风系统，合理选择排风口和回风口的位置；确保室外环境清洁的条件下加强自然通风；北方干旱地区对室内进行一定的加湿处理；空调装置应确保合理的新风量等。

（2）正确选择装饰材料。在满足经济条件的基础上尽量选择大品牌、高端生产线的板材。由于这类企业具备完善的生产工艺和科研团队，对板材环保水平有一定的研究，其产品环保质量往往优于小作坊的产品。选择依据主要为该种材料有毒有害气体的释放量符合定量计算，保证在标准范围内其空气质量符合标准。

（3）合理控制材料使用量、杜绝过度装修。随着单位面积内用材量的增大其释放的有害物质和气味增大。所以应在满足使用需求的条件下尽可能减少板材使用量。

（4）使用前对板材进行一段时间的陈放，陈放时确保换气量。此段时间应避免人类长时间和板材处于同一环境。待板材有害物质释放至一定程度后再将其投入使用。

6.4　本　章　小　结

（1）PVC 贴面刨花板的释放组分为芳香烃化合物、醛酮类、烷烃、酯类、醇类和烯烃类，其中呈现气味特征的组分主要为芳香烃化合物、酮类和酯类物质。随着时间的推移，气味物质组分中芳香烃化合物的占比升高、醛酮类和酯类物质占比下降。在初始阶段，酯类物质对 PVC 贴面刨花板气味影响较大，当达到平衡状态时，芳香烃化合物影响更大。三聚氰胺贴面刨花板的释放组分有芳香烃化合物、醛酮类、烷烃、酯类和烯烃类，其中呈现气味特征的组分有芳香烃化合物、醛酮类和酯类。随着时间的推移，气味特征化合物组分中芳香烃化合物的占比下降，而醛酮类和酯类物质占比上升。在初始阶段，芳香烃化合物对三聚氰胺贴面刨花板气味影响较大，当达到平衡状态时，醛酮类物质影响更大。刨花板板素板中呈现气味特征的同样为芳香烃化合物，但气味强度普遍不高。除此之外还有少量醛类和酯类物质。

（2）胶合板素板的主要释放组分为芳香烃化合物，其次为烷烃类化合物，其中呈现气味特征的组分主要为芳香烃组分。随时间的推移，胶合板素板 VOCs 组分中芳香烃化合物、烷烃、烯烃、醛类和酮类化合物释放的质量浓度均有所下降，而酯类化合物的质量浓度相对增加；平衡状态下呈现气味特征的酯类化合物的质量浓度相对初始状态下的质量浓度有所提高，而芳香烃化合物的释放逐渐减弱。三聚氰胺浸渍纸贴面胶合板 VOCs 的主要释放组分和对板材气味起主要贡献作用的均为芳香烃化合物。相较于胶合板素板，三聚氰胺浸渍纸贴面胶合板释放的整体气味强度有所降低。释放初期，芳香烃类、酯类、醛酮类对三聚氰胺浸渍纸贴面胶合板气味影响较大，而当达到平衡状态时，仅有芳香烃类物质对板材气味起主要作用。PVC 贴面胶合板中芳香烃化合物的释放种类最多，其次为烷烃类物质。芳香烃类化合物为 PVC 贴面胶合板的主要气味来源。气味特征化合物组分中，平衡状态下的芳香烃组分相较于初始阶段略微降低。

（3）在整个释放周期，同厚度条件下胶合板素板的释放量及其总气味强度均高于 PVC 贴面胶合板。释放初期，胶合板素板的 TVOC 质量浓度及总气味强度均远高于 PVC 贴面处理后的胶合板。两种不同厚度的 PVC 贴面胶合板释放的 TVOC 质量浓度和总气味强度随板材厚度的增加而增加。同厚度的三聚氰胺浸渍纸贴面胶合板与同基材素板相比，其 TVOC 质量浓度和总气味强度始终在一定程度上高于同基材素板。不同厚度的三聚氰胺浸渍纸贴面胶合板相比，厚度较大的板材 VOCs 的释放量更多，使板材整体的气味强度增加。8mm PVC 贴面胶合板释放的主要气味物质为芳香烃类化合物，其次为烷烃类、醇类化合物；板材厚度增加后释放的主要气味物质为芳香烃类化合物，其次为烯烃类化合物。PVC 贴面胶合板厚度由 8mm 增加到 18mm 后芳香烃类和烯烃类气味物质释放量增加，但 8mm PVC 贴面胶合板释放的烷烃类和酯类气味物质在 18mm PVC 贴面胶合板释放的气味物质中未呈现出来。三聚氰胺浸渍纸贴面胶合板厚度增大会使得芳香烃、醇类和酯类组分的占比增加，而酮类和烷烃气味物质在板材厚度增加后未呈现气味特征。

（4）贴面处理能够一定程度上阻碍人造板本身 VOCs 和气味的释放。两种不同厚度贴面刨花板的 TVOC 质量浓度和总气味强度整体上均低于相同厚度的刨花板素板。当厚度增加时，贴面刨花板的 TVOC 质量浓度和总气味强度也随之增加。

当对板材进行贴面处理后，厚度对板材释放 VOCs 和气味的影响程度大大减小。不同厚度两种贴面刨花板 TVOC 质量浓度及总气味强度释放规律基本一致，释放初期，TVOC 质量浓度和总气味强度均为释放最高值。随着时间的推移逐渐下降，直至达到一个平衡的状态。

（5）硝基漆饰面刨花板的主要气味化合物来源为芳香烃化合物、酯类和醇类，另外还包含少量的酮类。其中，芳香烃和醇类相对毒性更大，多属于低毒范畴。酮类和酯类多属于微毒范围。其中芳香烃化合物多呈现芳香甜味，酯类化合物多呈现果香味，醇类化合物多呈现清新酸涩感。醇酸清漆饰面刨花板的主要气味物质来源为芳香烃化合物、醛类和烷烃，另外还包含少量的酯类化合物。醇酸清漆饰面刨花板释放的气味特征物质多数属于低毒分级。其中芳香烃化合物多呈现芳香甜味和青草香，醛类化合物多呈现植物香，烷烃化合物多呈现不宜人香气，酯类物质呈现甜香。水性漆饰面刨花板的主要气味物质来源为芳香烃化合物、醇类，另外还包括酯类和醚类化合物。芳香烃和醇类的毒性相较于酯类和醚类更大，多属于低毒范畴，酯类和醚类属于微毒范畴。水性漆饰面刨花板释放的主要气味中，芳香烃化合物多呈现芳香，醇类物质呈现多种香味，醚类物质呈现乙醇味，酯类化合物呈现清凉感。

（6）不同气味特征化合物的气味强度和其浓度并没有直接的相关性，但是同一种气味特征化合物的质量浓度会一定程度上影响其气味强度的大小，过低的浓度值会导致感官评价员嗅觉上无法察觉。

（7）总气味强度和气味评级通过高斯函数可以建立良好的拟合关系。对本章使用的五种刨花板而言，五种板材均呈现随着总气味强度在一定范围升高，影响程度非线性增大的趋势。当总气味强度增加一定程度，气味评级不随之继续增加，而是趋于某一特定值。当总气味强度处于相对较低的数值时，其变化会给人类的主观舒适性带来较大影响。不能通过单一对 TVOC 质量浓度的分指数判定板材危害性。应使用综合指数评价法，以结合各组分分指数，关注单一化合物浓度限量。同时结合室内气味质量等级对板材进行评价，从而准确反映空气质量的客观情况。

（8）可以采取正确选择装饰材料、合理控制材料使用量，板材使用前对其进行合理陈放，同时加大新风量、对室内进行加湿处理等措施改善室内空气质量，减少人造板释放的有害物质和气味对人体的危害和对生活的影响。

参 考 文 献

白志鹏，韩旸，袭著革. 2006. 室内空气污染与防治[M]. 北京：化学工业出版社：70-72.

常玉梅. 2013. 描述性检验与消费者接受度感官分析方法研究——以豆腐干为例[D]. 无锡：江南大学.

江璐. 2017. 室内空气品质评价系统研究[J]. 资源节约与环保，（3）：99-100.

李赵京，沈隽，蒋利群，等. 2018. 三聚氰胺浸渍纸贴面中纤板气味释放分析[J]. 北京林业大学学报，40（12）：117-123.

刘玉，朱晓冬. 2012. 综合指数法在人造板产品挥发性有机化合物污染评价中的应用[J]. 环境与健康杂志，28（4）：369-370.

孙世静. 2011. 人造板 VOC 释放影响因子的评价研究[D]. 哈尔滨：东北林业大学.

孙宗保，赵杰文，邹小波，等. 2010. HS-SPME/GC-MS/GC-O 对镇江香醋特征香气成分的确定[J]. 江苏大学学报（自然科学版），31（2）：139-144.

王东梅. 2007. 室内空气品质评价系统研究[D]. 成都：西南交通大学.

王启繁，沈隽，刘婉君. 2016. 国产实验微舱对人造板 VOC 释放检测的分析[J]. 森林工程，32（1）：37-42.

于立志，马永昆，张龙，等. 2015. GC-O-MS 法检测句容产区巨峰葡萄香气成分分析[J]. 食品科学，36（8）：196-200.

张国强，尚守平，徐峰. 2012. 室内空气品质[M]. 北京：中国建筑工业出版社：83-84.

赵杨. 2015. 胶合板和实木复合地板 VOC 快速检测研究[D]. 哈尔滨：东北林业大学.

Ashford R D. 1994. Ashford's Dictionary of Industrial Chemicals[M]. London：Wavelength Publications Ltd：399.

Dool H V D，Kratz P D. 1963. A generalization of the retention index system including linear temperature programmed gas-liquid partition chromatography[J]. Journal of Chromatography，2：463-470.

Fanger P O. 1989. The new comfort equation for indoor air quality[J]. American Society of Heating，Refrigeration and Air-Conditioning Engineers Journal（USA），10（8）：272.

Hancock R A，Leeves N J. 1989. Studies in autoxidation[J]. Progress in Organic Coating，17：321-336.

Hoppe P. 2002. Different aspects of assessing indoor and outdoor thermal comfort[J]. Energy and Buildings，34（6）：661-665.

Infante P F，Bingham E. 2012. Aromatic hydrocarbons-benzene and other alkylbenzenes[M] //In fante P F，Bingham E. Patty's Toxicology. 6th ed. New York：John Wiley and Sons.

Jones A P. 1999. Indoor air quality and health[J]. Atmospheric Environment，33（28）：4535-4564.

Larranaga M D，Lewis R J S，Lewis R A. 2016. Hawley's Condensed Chemical Dictionary[M]. 16th ed. Hoboken：John Wiley and Sons：576.

Ministry of the Environment. 1971. Offensive odor control law[S]. Law NO. 91. Tokyo：Government of Japan.

NIOSH. 2010. NIOSH Pocket Guide to Chemical Hazards[EB/OL] [2019-08-01]. http://www.cdc.gov/niosh/npg.

Olsson M J. 1994. An interaction model for order quality and intensity [J]. Percept Psychophys，55（4）：363-372.

O'Neil M J. 2013. The Merck Index-An Encyclopedia of Chemicals，Drugs，and Biologicals[M]. Cambridge：Royal Society of Chemistry，566，592，1283.

Sax N I. 1984. Dangerous Properties of Industrial Materials[M]. 6th ed. New York：Van Nostrand Reinhold：152.

Sidheswaran M A，Destaillats H，Sullivan D P，et al. 2012. Energy efficient indoor VOC air cleaning with activated carbon fiber（ACF）filters[J]. Building and Environment，47：357-367.

SN EN 13725-2003. 2003. Identical，Air Quality-Determination of Odour Mass Concentration by Dynamic Olfactometry[S].

Stoye D. 2000. Ullmann's Encyclopedia of Industrial Chemistry[M]. New York：John Wiley and Sons.

Straalen N M V. 2003. Peer reviewed：Ecotoxicology becomes stress ecology[J]. Environmental Science and Technology，37（17）：324-330.

UL 2821-2013. 2013. Greenguard-Certification Program Method for Measuring and Evaluating Chemical Emissions From Building Materials[S].

Verschueren K. 2001. Handbook of Environmental Data on Organic Chemicals[M]. 4th ed. New York：John Wiley and Sons：387.

第 7 章　环境因素对饰面人造板 TVOC 及气味释放的影响

人造板释放 VOCs 和气味会受到所处环境条件的影响。为解决室内装饰及家具异味问题，分析环境因素（温度、相对湿度、换气量）对板材 VOCs 和气味释放的影响，本章以常用的漆饰刨花板和贴面胶合板为研究对象，建立单因素试验方案，使用气相色谱-质谱/嗅觉测量（GC-MS/O）技术分析不同环境条件下饰面人造板释放 VOCs 和气味的情况，旨在探索饰面人造板在不同环境条件下的释放特性，为人造板气味研究提供基础性数据。

7.1　环境因素对漆饰人造板 TVOC 及气味释放的影响

7.1.1　漆饰人造板气味释放水平的影响

为探究环境因素对漆饰人造板的影响，选用第 6 章试验板材中的硝基漆饰面刨花板和水性漆饰面刨花板作为实验材料，单一样品通过微池热萃取仪在不同温度、相对湿度和空气交换率与负荷因子之比的条件下同时采集 4 份样品，联合自动进样器和热解析仪对采样管内的样品进行热脱附进样，解析样品同时进入气相色谱-质谱（GC-MS）联用仪和 Sniffer 9100 嗅味检测仪。样品的实验参数、条件及微池热萃取仪实验条件如表 7-1 和表 7-2 所示。

表 7-1　实验参数

实验参数	数值
暴露面积(m^2)	5.65×10^{-3}
舱体体积(m^3)	1.35×10^{-4}
装载率(m^2/m^3)	41.85
气体交换率与负荷因子之比[m^3/(h·m^2)]	$(0.2/0.5/1.0) \pm 0.05$
温度(℃)	$(23/30/40) \pm 1$
相对湿度(%)	$(40/60) \pm 5$

表 7-2　微池热萃取仪实验条件

条件编号	研究方向	温度(℃)	相对湿度(%)	气体交换率与负荷因子之比[m³/(h·m²)]
A	温度的影响	23/30/40	40	0.5
B	相对湿度的影响	23	40/60	0.5
C	气体交换率与负荷因子之比的影响	23	40	0.2/0.5/1.0

在实验条件 A、B、C 下对硝基漆饰面刨花板和水性漆饰面刨花板 VOCs 和气味物质释放特征和规律进行探索。得到的三种板材 TVOC 释放水平和总气味释放强度分别如表 7-3、表 7-4 所示。

表 7-3　不同温度条件下两种漆饰面刨花板 TVOC 质量浓度

时间(d)	硝基漆饰面刨花板 TVOC 质量浓度(μg/m³)			水性漆饰面刨花板 TVOC 质量浓度(μg/m³)		
	23℃	30℃	40℃	23℃	30℃	40℃
1	54962.01	60198.36	65156.33	8290.26	9158.56	10305.63
3	20115.62	24698.69	27063.54	5670.02	6587.25	7567.44
7	10675.81	11000.58	12750.97	3464.03	4179.62	5548.09
14	3656.96	4012.56	4555.07	1878.96	2287.56	3475.04
21	1288.69	2568.97	3589.35	896.25	1526.35	2526.98
28	1301.79	1898.63	2056.98	478.69	1025.26	2004.63
35	504.77	897.69	1197.43	464.77	756.25	1084.96

表 7-4　不同温度条件下两种漆饰面刨花板总气味释放强度

时间(d)	硝基漆饰面刨花板总气味释放强度			水性漆饰面刨花板总气味释放强度		
	23℃	30℃	40℃	23℃	30℃	40℃
1	36.00	40.00	43.25	17.25	20.00	22.50
3	20.50	25.25	30.00	12.25	13.75	17.00
7	16.50	18.00	20.50	10.00	11.75	13.50
14	12.00	15.50	17.50	8.50	9.00	10.00
21	8.50	14.25	16.75	7.00	7.50	8.25
28	8.25	12.75	15.75	6.25	7.25	6.75
35	7.75	13.00	14.75	6.75	6.50	6.25

由表 7-3、表 7-4 可得到两种漆饰刨花板在三种环境温度下 TVOC 及总气味释放强度随时间变化的关系，如图 7-1 所示。图中以 N 表示硝基漆饰面刨花板，W 表示水性漆饰面刨花板。

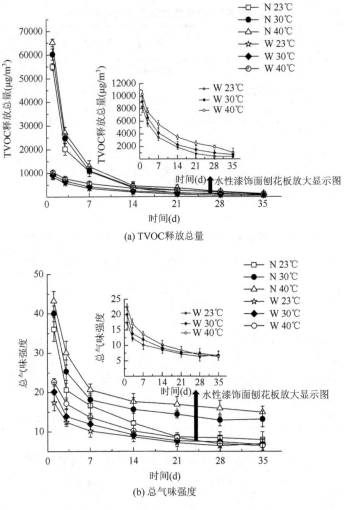

图 7-1　不同温度下两种漆饰刨花板 TVOC 及总气味强度释放趋势

　　在释放初期，硝基漆饰面刨花板的 TVOC 释放总量和总气味强度均高于水性漆饰面刨花板。在温度为 23℃、相对湿度为 40%、空气交换率与负荷因子之比为 0.5m³/(h·m²)的条件下，硝基漆饰面刨花板第一天 TVOC 释放总量是水性漆饰面刨花板的 6.63 倍，总气味强度是水性漆饰面刨花板的 2.09 倍。其原因为，相较于水性漆以水为溶剂，硝基漆是由硝酸纤维和其他树脂融合而成的挥发性涂料，在稀释过程需要加入大量的有机溶剂以使其稀释成型。这种高浓度的溶剂化学性质很活泼，含有多种化学成分，会释放大量的 VOCs。达到平衡状态时，硝基漆饰面刨花板和水性漆饰面刨花板的 TVOC 释放总量相差不大，逐渐趋于同一水平，而硝基漆饰面刨花板的总气味强度仍高于水性漆饰面刨花板。这是由于随着时间的进行，两种漆饰刨花板 TVOC 释放总量差异逐渐减小，然而硝基漆饰面刨花板气味成分的含量相较于非气味成分下降更慢，从而导致在释放后期，硝基漆饰面刨花板的总气味强度仍高于水性漆饰面刨花板。硝基漆饰面刨花板和水性漆饰面刨花板释放初期 TVOC 质量浓度和总气味强度均为释放最高值，随着时间的推移逐渐下降，直至达到一个平衡的状态。呈现下降趋势的原因是在释放初期，外界环境 VOCs 与板材内部 VOCs 的浓度存在较大的浓度梯度，根据传质原理，板材内部的 VOCs 向外界释放直到内外浓度差消失，所以 VOCs 前期释放较快，随着浓度差的减小下降速度逐渐减慢，直至达到平衡状态。也有研究表明：物质扩散系数的数量级在液相和固相中一般为 $10^{-9} \sim 10^{-12} \mathrm{m^2/s}$，而气相中一般能够达到 $10^{-6} \mathrm{m^2/s}$。因此 VOCs 在材料中的传质阻力远远大于其在气相边界层中的传质阻力。VOCs 在材料内部的扩散过程是其由材料内部向微池热萃取仪中扩散的过程，所以 VOCs 在材料中传质阻力是材料释放 VOCs 的主要影响因素。在一定条件下，油漆的性状随着时间的进行发生改变，从而使得 VOCs 在材料内部的传质阻力变大、释放系数减小，最终导致材料释放 VOCs 减慢。

随着温度的升高，硝基漆和水性漆饰面刨花板 TVOC 质量浓度和总气味强度增大。在释放前期温度对两种漆饰刨花板 TVOC 质量浓度影响较明显，随着时间的进行影响逐渐减弱，相较于水性漆饰面刨花板，温度对硝基漆饰面刨花板的影响减弱的程度更大。在定湿、定空气交换率与负荷因子之比的条件下，第一天硝基漆饰面刨花板 40℃ 条件下释放 VOCs 的浓度比 30℃ 条件下释放的多 4957.94μg/m³，是 30℃ 条件下的 1.08 倍，比 23℃ 条件下释放的多 10194.32μg/m³，是 23℃ 条件下的 1.19 倍。第一天水性漆饰面刨花板 40℃ 条件下释放 VOCs 的浓度比 30℃ 条件下释放的多 980.19μg/m³，是 30℃ 条件下的 1.13 倍，比 23℃ 条件下释放的多 1897.42μg/m³，是 23℃ 条件下的 1.24 倍。达到平衡状态时，硝基漆饰面刨花板在不同温度下 VOCs 的释放逐渐趋于同一水平，而水性漆饰面刨花板仍能明显看出温度对其的影响，表现为 40℃＞30℃＞23℃。在整个释放过程中，温度一直对板材气味的释放起到促进的作用，在较高温度下检测到的板材的总气味强度始终高于在较低温度下检测到的板材的总气味强度。升高温度能够促进两种漆饰刨花板 VOCs 释放的原因如下：一方面，随着温度升高，板材内部及表面漆饰 VOCs 分子的热运动加强，材料内部扩散、解吸附、蒸发、化学反应等增加，板材对其吸附容量和吸附能力降低，从而导致板材中 VOCs 快速、大量释放。另一方面，混合蒸气压随着温度的升高变大，使得外界和舱内蒸气压产生差异，从而导致 VOCs 的释放加剧。也有研究表明，传质阻力随着温度的升高而减小，所以温度的上升使得 VOCs 传质通量和释放系数变大，舱内 VOCs 浓度增加。

由图 7-2 可以看出，增加相对湿度能够促进硝基漆饰面刨花板 VOCs 和气味的释放，而抑制水性漆饰面刨花板 VOCs 和气味的释放。在释放前期，随着相对湿度的增加，硝基漆饰面刨花板 TVOC 释放总量和总气味强度增加，同时水性漆饰面刨花板的 TVOC 释放总量和总气味强度降低。相对湿度对两种饰面刨花板 TVOC 释放总量的影响随着时间的进行逐渐减弱，在达到平衡状态时，不同相对湿度条件下两种漆饰刨花板 TVOC 释放总量趋于一致。然而相对湿度对板材总气味强度的影响并没有随着时间的推移而减弱，在板材达到平衡状态后，硝基漆饰面刨花板在相对湿度为 60% 条件下的总气味强度仍高于相对湿度为 40% 条件下的值。在第 35 天，硝基漆饰面刨花板在相对湿度为 40% 和 60% 条件下检测到的总气味强度分别为 7.75 和 8.25。同样，水性漆饰面刨花板在相对湿度为 60% 条件下的总气味强度仍低于相对湿度为 40% 条件下的值。第 35 天的平衡状态，在相对湿度为 40% 和 60% 条件下检测到水性漆饰面刨花板的总气味强度分别为 6.75 和 4。湿度能够促进硝基漆饰面刨花板 VOCs 及气味成分释放原因如下：一方面，随着相对湿度的增加，胶黏剂水解加速，同时刨花板干燥层孔隙结构由于吸湿膨胀而发生改变，从而促进 VOCs 的释放。相关研究使用竹地板为研究对象，探索相对湿度对 VOCs 释放的影响，以及利用胶合板材测试甲醛释放影响因素时也得到相似结论。另一方面，随着舱体内相对湿度的增加，油性涂料的含水率提高，材料内传质阻力减小，释放系数增大，从而促进材料中 VOCs 的释放。也有研究表明随着环境中相对湿度的增加，涂料中许多物质的水解反应变快，使得芳香烃化合物、脂肪烃、卤代烃、醇类、醛类、酯类和酮类等小分子有机物变多。在普遍情况下，分子量越大，涂料内部扩散系数越小，传质阻力越大，释放系数越小，所以导致 VOCs 释放速度越慢，舱体内 VOCs 浓度越小，反之亦然。对于水性漆，由于水性漆以水为溶剂的特殊性，在较高的室内相对湿度条件下，水性漆溶剂水的蒸发速度变缓，溶剂水占溶液百分比停留在同一水平线的时间相对增加，从而导致挥发残留物浓度相对增加。虽然以上现象一定程度上促进了水性漆 VOCs 的释放，但这种促进作用远小于溶剂水蒸发减慢对水性漆 VOCs 释放产生的抑制作用，所以造成水性漆饰面刨花板质量浓度降低。

图 7-3 为硝基漆饰面刨花板和水性漆饰面刨花板在三种不同空气交换率与负荷因子之比下，从初始状态到平衡状态 VOCs 及气味释放的变化情况。随着空气交换率与负荷因子之比的增加，两种漆饰刨花板释放 TVOC 和总气味强降低。在释放初期，空气交换率与负荷因子之比对板材 TVOC 的释放和总气味强度的影响较明显，在定温、定湿的条件下，第一天硝基漆饰面刨花板在空气交换率与负荷因子之比为 $0.2m^3/(h\cdot m^2)$ 的条件下释放 TVOC 的浓度比 $0.5m^3/(h\cdot m^2)$ 的条件多 $6375.34\mu g/m^3$，是 $0.5m^3/(h\cdot m^2)$ 条件下的 1.12 倍，比 $1.0m^3/(h\cdot m^2)$ 条件下释放的多 $13652.36\mu g/m^3$，是 $1.0m^3/(h\cdot m^2)$ 条件下的 1.29 倍。第一天水性漆饰面刨花板空气交换率与负荷因子之比为 $0.2m^3/(h\cdot m^2)$ 的条件下释放 TVOC 的浓度比 $0.5m^3/(h\cdot m^2)$ 的条件多释放 $2121.75\mu g/m^3$，是 $0.5m^3/(h\cdot m^2)$ 条件下的 1.26 倍，比 $1.0m^3/(h\cdot m^2)$ 条件下释放

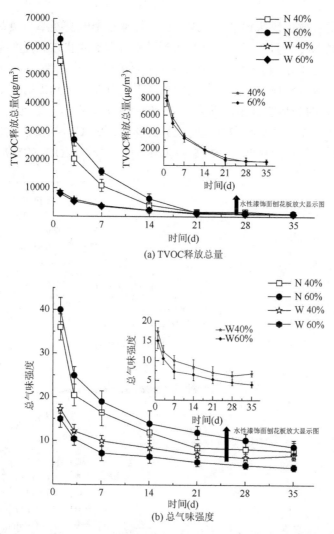

图 7-2　不同相对湿度下两种漆饰刨花板 TVOC 及总气味强度释放趋势

的多 4442.96μg/m³，是 1.0m³/(h·m²) 条件下的 1.74 倍。随着时间的推移空气交换率与负荷因子之比影响逐渐变小，在平衡状态下，三种不同空气交换率与负荷因子之比下条件下两种漆饰刨花板 TVOC 释放总量和总气味强度相差不大。产生这种现象的原因是在一定的温度和压力下，单位时间进入微池热萃取仪内的新鲜载气量的增大，会置换出更多的 VOCs，导致样品与空气中 VOCs 浓度差增大，样品中 VOCs 的释放加快，微池热萃取仪内 VOCs 的质量浓度被稀释，含量减少。有关自然换气通风对装饰材料释放 VOCs 影响的研究同样发现，提升换气量可以促进材料中 VOCs 的释放。另外，实验发现降低空气交换率与负荷因子之比能够使板材 VOCs 的释放更快达到平衡状态。如水性漆在空气交换率与负荷因子之比为 $0.2m^3/(h\cdot m^2)$ 的条件下只用了 21 天即达到了相对平衡的状态，而在空气交换率与负荷因子之比为 $0.5m^3/(h\cdot m^2)$ 和 $1.0m^3/(h\cdot m^2)$ 条件下达到平衡需要 28 天。硝基漆虽然在较低空气交换率与负荷因子之比的条件下没有缩短达到平衡需要的时间，但其在 14 天下降的趋势明显相比于更高空气交换率与负荷因子之比条件下迅速。通风量不断增加会缩小材料与空气之间边界的厚度，VOCs 在该边界层中的传质系数变大，传质时的阻力降低，释放系数升高，从而加快 VOCs 的释放。

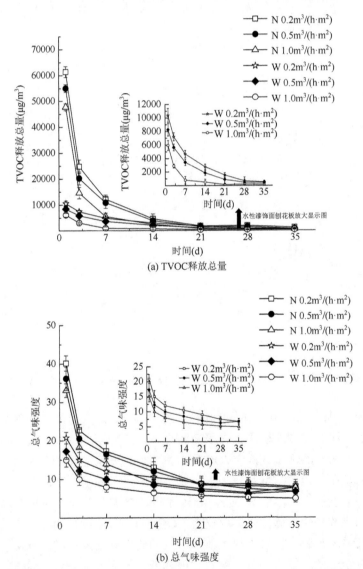

(a) TVOC 释放总量

(b) 总气味强度

图 7-3　不同空气交换率与负荷因子之比条件下两种漆饰刨花板 TVOC 及总气味强度释放趋势

7.1.2　漆饰人造板气味释放组分的影响

实验得到硝基漆饰面刨花板在平衡状态 VOCs 组分主要为芳香烃、酯类以及醇类化合物，另外还检测到少量烷烃、酮类、醛类以及其他类物质。其中气味特征物质组分包括芳香烃、酯类、醇类和少量醛类化合物。水性漆饰面刨花板平衡状态 VOCs 组分包括芳香烃、烷烃、酯类、醇类及少量醛类及醚类化合物。其中气味特征物质组分主要为芳香烃化合物，在不同条件下还检测到醇类和醛类化合物。在初始状态呈现气味的醚类物质在平衡状态没有发现气味特征。图 7-4 显示

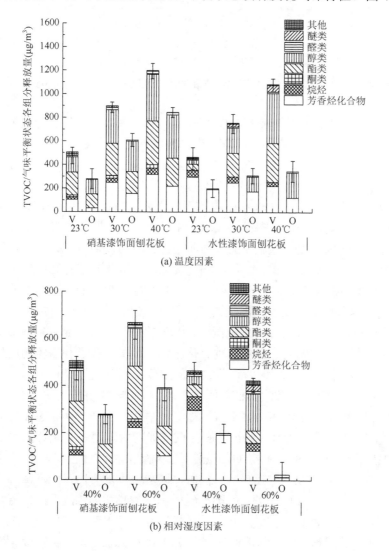

(a) 温度因素

(b) 相对湿度因素

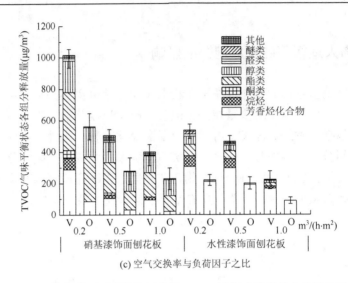

(c) 空气交换率与负荷因子之比

图 7-4　不同环境条件下两种漆饰刨花板 TVOC 及气味平衡状态各组分释放浓度

了不同环境条件下两种漆饰刨花板 TVOC 及气味平衡状态各组分释放浓度，其中以 V 代表材料的 TVOC 浓度，以 O 代表材料气味成分浓度。

　　由图 7-4 (a) 可以看出，在一定范围内随着温度的升高，硝基漆饰面刨花板气味物质浓度占总 TVOC 浓度的比例增加，在温度为 23℃、30℃和 40℃的条件下，气味物质浓度占总 TVOC 浓度的比例分别为 55.11%、67.76%和 70.56%。同时硝基漆饰面刨花板平衡状态释放 VOCs 中芳香烃化合物、烷烃、酮类、酯类、醇类和醛类物质的浓度也随温度的升高而增加。当温度由 23℃升高至 30℃时，VOCs 组分中芳香烃化合物、烷烃、酮类、酯类、醇类和醛类物质的浓度分别升高了 139.04%、62.47%、52.26%、41.03%、121.79%和 79.75%，当温度继续升高到 40℃时，这些组分物质的浓度继续升高了 27.90%、45.98%、37.87%、36.01%、37.89%和 46.53%。同时，在一定范围内，温度的升高也可以促进硝基漆饰面刨花板平衡状态释放气味物质组分中芳香烃化合物、酯类、醇类和醛类物质的释放，当温度由 23℃升高至 30℃时，这些物质的浓度分别升高了 404.38%、53.37%、109.27%和 163.50%，当继续升高到 40℃时，气味物质浓度分别继续升高了 40.67%、27.48%、43.54%和 101.27%。烷烃和酮类物质在平衡状态没有显示气味特征。随着温度的升高，水性漆饰面刨花板气味物质浓度占 TVOC 浓度的比例降低，在温度为 23℃、30℃和 40℃的条件下，气味物质浓度占 TVOC 浓度的比例分别为 42.94%、40.96%和 32.03%。同时，随着温度的升高，水性漆饰面刨花板平衡状态时释放 VOCs 中酯类、醇类、醛类和醚类物质的浓度升高，芳香烃化合物的浓度减少，烷烃的浓度变化不大。当温度由 23℃升高至 30℃时，VOCs 组分中酯类、醇类、醛类和醚类的浓度升高了 299.84%、505.57%、9.98%和 401.95%，芳香烃化合物的浓度减少了 16.18%，烷烃的浓度变化不大。当温度继续升高到 40℃时，VOCs 组分中酯类、醇类、醛类和醚类的浓度分别升高了 63.53%、98.54%、29.46%和 114.49%，芳香烃化合物的浓度减少了 10.18%，烷烃的浓度变化不大。平衡状态水性漆饰面刨花板释放的气味特征物质主要为芳香烃、醇类和醛类化合物。在一定范围内，随着温度的升高，水性漆饰面刨花板平衡状态气味物质各组分中，芳香烃化合物的浓度降低，醇类和醛类的浓度升高。当温度由 23℃升高至 30℃时，芳香烃化合物的浓度降低了 9.25%，醛类物质升高了 35.67%，醇类物质从 23℃时浓度为 0 升高到 125.26μg/m³。继续升高到 40℃时，芳香烃化合物的浓度降低了 30.07%，醇类和醛类物质分别升高了 70.72%和 15.48%。

　　由图 7-4（b）可以看出，在达到平衡状态时，在一定范围内随着相对湿度的升高，硝基漆饰面刨花板气味物质浓度占 TVOC 浓度的比例增加，在相对湿度为 40%和 60%的条件下，气味物质浓度占 TVOC 浓度的比例分别为 55.11%和 58.76%。同时，相对湿度的增加同样促进硝基漆饰面刨花板平衡状态时芳香烃化合物、烷烃、酯类、醇类和醛类物质的释放。当相对湿度由 40%增加到 60%，芳香烃化合物、烷烃、酯类、醇类和醛类的浓度分别升高了 113.05%、20.46%、15.89%、23.81%和 49.01%，酮类物质的浓度下降了 27.98%。随着相对湿度的升高，硝基漆饰面刨花板平衡状态释放气味物质组分中芳香烃、酯类、醇类和醛类化合物的浓度增大。烷烃和酮类不具有气味特征。当相对湿度由 40%增加到 60%，芳香烃、酯类、醇类和醛类化合物的浓度分别升高了 233.86%、3.78%、29.29%和 33.93%。一定范围内，随着相对湿度的升高，水性漆饰面刨花板气味物质浓度占 TVOC 浓度的比例减少，在相对湿度为 40%和 60%的条件下，气味物质浓度占 TVOC 浓度的比例分别为 42.94%和 5.77%。在一定范围内随着相对湿度的升高，水性漆饰面刨花板平衡状态时释放 VOCs 中醇类、醛类和醚类物质的浓度升高了 345.57%、33.80%和 382.26%，芳香烃和烷烃化合物的浓度减少了 93.79%和 64.73%。酯类的浓度变化不大。在平衡状态，水性漆饰面刨花板释放的气味特征物质芳香烃化合物的浓度下降了 93.79%，醛类的浓度升高了 64.73%。

　　图 7-4（c）显示了空气交换率与负荷因子之比与两种漆饰刨花板 TVOC 及气味平衡状态各组分浓度的关系。空气交换率与负荷因子之比对气味物质浓度占 TVOC 浓度的比例影响不大，三种不同空气交换率与负荷因子之比[0.2m³/(h·m²)、0.5m³/(h·m²)、1.0m³/(h·m²)]条件下，硝基漆饰面刨花板气味物质浓度占 TVOC 浓度的比例分别为 55.30%、55.11%和 57.12%，水性漆饰面刨花板气味物质浓度占 TVOC 浓度的比例分别为 40.89%、42.94%和 40.17%。在一定范围内，随着空气交换率与负荷因子之比的升高，硝基漆和水性漆饰面刨花板平衡状态 TVOC 及气味物质各组分的浓度均呈现下降的趋势，各组分的浓度呈现不同程度的下降。

7.2　环境因素对贴面人造板 TVOC 及气味释放的影响

7.2.1　贴面人造板气味释放水平的影响

为探究环境因素对贴面人造板的影响，选用第 6 章试验板材中的 PVC 贴面胶合板和三聚氰胺浸渍纸贴面胶合板作为实验材料，在不同环境条件下，用微池热萃取仪同时采集 6 份样品，采集好样品的 Tenax-TA 管放入热解析仪中进行解脱附，被解析的 VOCs 样品导入与热解析仪相连接的气相色谱-质谱（GC-MS）联用仪和 Sniffer 9100 嗅味检测仪。采用单变量因素进行分析，样品的实验参数、条件见表 7-5，微池热萃取仪实验条件见表 7-6。

表 7-5　实验参数

实验参数	数值
暴露面积(m^2)	5.65×10^{-3}
舱体体积(m^3)	1.35×10^{-4}
装载率(m^2/m^3)	41.85
气体交换率与负荷因子之比[m^3/(h·m^2)]	0.2/0.5/1.0
温度(℃)	23/40/60
相对湿度(%)	40/60

表 7-6　微池热萃取仪实验条件

条件编号	温度(℃)	相对湿度(%)	空气交换率与负荷因子之比[m^3/(h·m^2)]
T_1	23	40	0.5
T_2	40	40	0.5
T_3	60	40	0.5
T_4	23	60	0.5
T_5	23	40	0.2
T_6	23	40	1.0

使用微池热萃取技术在实验条件为 T_1、T_2、T_3、T_4、T_5 和 T_6 条件下分别利用 GC-MS/O 技术对 PVC 贴面胶合板和三聚氰胺浸渍纸贴面胶合板释放的 VOCs 及其气味强度进行检测分析，得到其 TVOC 释放水平和总气味释放强度，见表 7-7 和表 7-8。

表 7-7　各实验条件下两种贴面胶合板 TVOC 释放量

时间(d)	三聚氰胺浸渍纸贴面胶合板 TVOC 释放量(μg/m³)					
	T_1	T_2	T_3	T_4	T_5	T_6
1	803.94	1757.35	9783.39	836.65	1103.64	470.74
3	534.05	1273.97	6238.31	546.37	787.05	360.28
7	415.94	1009.97	4442.55	367.33	552.99	381.47
14	340.58	692.66	2183.88	393.81	420.37	313.24
21	320.94	582.41	1607.12	344.07	359.07	305.60
28	309.84	537.49	1138.40	299.35	315.29	298.38
时间(d)	PVC 贴面胶合板 TVOC 释放量(μg/m³)					
	T_1	T_2	T_3	T_4	T_5	T_6
1	324.28	460.84	1246.05	469.69	418.54	238.69
3	301.56	401.23	761.29	423.96	381.49	233.20
7	276.11	325.23	519.07	313.18	345.40	224.75
14	260.32	291.31	347.91	287.35	308.39	192.28
21	250.37	261.30	279.64	259.38	272.88	186.66
28	247.77	248.60	261.89	255.24	271.55	184.10

表 7-8　各实验条件下两种贴面胶合板释放的总气味强度

时间(d)	三聚氰胺浸渍纸贴面胶合板总气味强度					
	T_1	T_2	T_3	T_4	T_5	T_6
1	18.25	26	32	19	23	13
3	15.5	16.5	21.5	16.4	17.25	8.25
7	9	9.75	12	9.5	11	6.5
14	5.5	7	8.5	6	6.75	4.75
21	4.75	6.5	7	5	6	4.5
28	4.25	5.75	6.5	4.5	5.75	4
时间(d)	PVC 贴面胶合板总气味强度					
	T_1	T_2	T_3	T_4	T_5	T_6
1	16	18	24	20	18	13.5
3	12.25	13	14.5	14.5	13.75	9
7	7.4	8	8.5	10.25	8.25	6.25
14	6	6.5	7.25	7	6	5
21	5	5.5	6.5	6.25	5.5	4.5
28	4.25	5	5.75	5.4	5	4.25

由表 7-7 和表 7-8 可得出，三聚氰胺浸渍纸贴面胶合板和 PVC 贴面胶合板的 TVOC 释放量和总气味强度均随温度的增加而增加。在相同的相对湿度、空气交换率与负荷因子之比的条件下，温度从 23℃升至 40℃，三聚氰胺浸渍纸贴面胶合板和 PVC 贴面胶合板 TVOC 初始释放量分别增加 118.59%、42.11%，总气味强度值分别增加了 7.75、2 个气味强度值；温度从 40℃升至 60℃，对 TVOC 初始释放量的影响程度是 TVOC 释放量分别增加 456.71%、170.39%，总气味强度值均增加了 6 个气味强度值。温度从 40℃升至 60℃，TVOC 初始释放量和总气味强度均增加幅度明显。这说明升高温度有利于板材释放气味特征化合物，且温度对三聚氰胺浸渍纸贴面胶合板的影响更显著。在相同的温度、空气交换率与负荷因子之比的条件下，相对湿度从 40%升至 60%，三聚氰胺浸渍纸贴面胶合板和 PVC 贴面胶合板 TVOC 初始释放量分别增加了 4.07%、44.84%，总气味强度值分别增加了 0.75、4 个气味强度值。这说明增大环境相对湿度能够促进板材气味特征化合物的释放，且相对湿度对 PVC 贴面胶合板的影响作用更明显。在相同温度、相对湿度的条件下，空气交换率与负荷因子之比从 $0.2m^3/(h \cdot m^2)$ 升至 $0.5m^3/(h \cdot m^2)$，三聚氰胺浸渍纸贴面胶合板和 PVC 贴面胶合板 TVOC 初始释放量分别降低了 27.16%、22.52%，总气味强度值分别降低了 4.75、2 个气味强度值；空气交换率与负荷因子之比从 $0.5m^3/(h \cdot m^2)$ 升至 $1.0m^3/(h \cdot m^2)$，三聚氰胺浸渍纸贴面胶合板和 PVC 贴面胶合板 TVOC 初始释放量分别降低了 41.45%、26.39%，总气味强度值分别降低了 5.25、2.5 个气味强度值。所以增加通风量有利于板材释放气味物质，且空气交换率与负荷因子之比对三聚氰胺浸渍纸贴面胶合板的影响略强于 PVC 贴面胶合板。

图 7-5 和图 7-6 分别为在 T_1、T_2、T_3 实验条件下贴面胶合板 TVOC 释放趋势特性和总气味释放趋势特性。板材释放初期，温度越高对 TVOC 的释放浓度和总气味强度影响越显著。温度越高，则 TVOC 质量浓度下降越快，贴面胶合板释放的 TVOC 质量浓度和总气味强度折线图越接近线性模式。且随着温度的增加，平衡状态下的 TVOC 释放量和总气味强度值均略高于低温条件。胶合板的 TVOC 释放量和气味释放强度值在 21 天之后达到相对稳定状态。产生这种现象的原因是释放初始阶段，由于微池舱内 VOCs 与板材内部的 VOCs 存在较高的浓度梯度，板材内的 VOCs 由高浓度区板材内部向低浓度微池舱内扩散，使得微池舱内的 VOCs 质量浓度迅速增加。随着胶合板 VOCs 释放的持续，胶合板内部的 VOCs 浓度梯度与微池舱内的 VOCs 浓度梯度趋于相同，所以在释放后期胶合板的 TVOC 释放量趋于平衡。板材内的 VOCs 的释放主要受胶合板内部的传质阻力和边界层气体中传质阻力的影响。温度升高会使得胶合板内部的传质阻力降低，造成板材内部的 VOCs 传质通量增加，释放系数升高，从而利于胶合板内的 VOCs 释放。升高温度可促进板材气味释放的原因如下：一方面，升高温度能使气味特征化合物的

热运动加强，板材内部和贴面材料的扩散运动、解吸附、蒸发、化学反应增加，尤其是使用的胶黏剂运动加剧，使得胶合板对气味特征化合物的吸附量和吸附能力降低，导致气味特征化合物从板材内大量释放。另一方面，随着温度的升高，板材内的蒸气压逐渐增加，导致了板材内部与微池舱的蒸气压差距逐渐增加，从而增加了板材内气味特征化合物的释放。所以板材投入市场前最好把板材进行热处理，使得板材内的 VOCs 在短时间内大量释放。

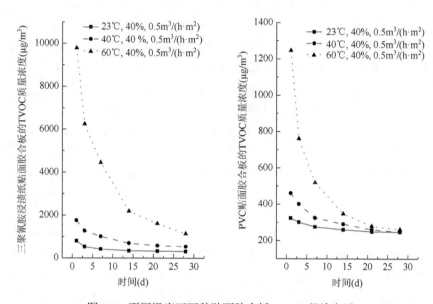

图 7-5　不同温度下两种贴面胶合板 TVOC 释放水平

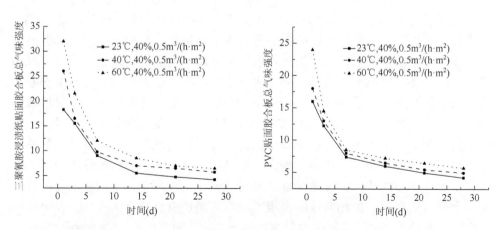

图 7-6　不同温度下两种贴面胶合板的总气味强度释放趋势

随着温度的增加，三聚氰胺浸渍纸贴面胶合板的 TVOC 释放量逐渐远大于 PVC 贴面胶合板的 TVOC 释放量。在 23℃、40℃、60℃条件下，三聚氰胺浸渍纸贴面胶合板初始释放的 TVOC 质量浓度要分别比 PVC 贴面胶合板多释放 479.66μg/m³、1296.51μg/m³、8537.34μg/m³；三聚氰胺浸渍纸贴面胶合板的总气味强度分别是 PVC 贴面胶合板的 1.14 倍、1.44 倍、1.33 倍。产生这种现象的原因是，随温度的升高，胶合板内部的 VOCs 蒸气压升高，但 PVC 贴面的透气性小，孔隙致密，则 PVC 贴面胶合板内部与外界气体的流动相化合物的蒸气压梯度小于三聚氰胺浸渍纸贴面胶合板内部与外界气体的流动相化合物的蒸气压梯度，所以三聚氰胺浸渍纸贴面胶合板界面的传质阻力降低程度更高，同时释放系数也更高，更利于气味特征物质释放出来，所以三聚氰胺浸渍纸贴面胶合板的 TVOC 释放量和总气味强度均要强于 PVC 贴面胶合板的 TVOC 释放量和总气味强度。

T_1 和 T_4 实验结果表明，提高环境的相对湿度能够促进贴面胶合板 TVOC 和气味物质的释放（图 7-7、图 7-8）。在相同温度（23℃）、气体交换率与负荷因子之比 $[0.5m^3/(h·m^2)]$ 的条件下，相对湿度从 40%升至 60%，三聚氰胺浸渍纸贴面胶合板和 PVC 贴面胶合板的 TVOC 初始释放量分别增加了 32.71μg/m³、145.41μg/m³。这说明板材释放初始状态提高环境相对湿度对 PVC 贴面胶合板的影响程度更大。贴面胶合板 TVOC 释放量和总气味强度在第 1～3 天下降最快，随着时间的推移，在 21 天后逐渐趋于稳定状态。板材释放达到平衡状态后，三聚氰胺浸渍纸贴面胶合板和 PVC 贴面胶合板在相对湿度为 40%条件下的总气味强度要略低于相对湿度为 60%条件下的值。在第 28 天，三聚氰胺浸渍纸贴面胶合板和 PVC 贴面胶合板在相对湿度为 40%的条件下的总气味强度值均为 4.25；三聚氰胺浸渍纸贴面胶合板和 PVC 贴面胶合板在相对湿度为 60%的条件下的总气味强度值分别为 4.5、5.4。这说明增加微池舱内的相对湿度能促进气味特征化合物的释放，且对 PVC 贴面胶合板气味物质强度的影响更显著，说明三聚氰胺浸渍纸贴面胶合板更能适应室内潮湿环境的变化。产生这种现象的原因有三点：一是微池舱内相对湿度增加，会使得板材的含水量升高，板材干燥层的孔隙结构会发生吸湿膨胀，致使板材的孔隙结构发生改变，从而使胶合板内部的传质阻力降低，释放系数增加，导致 VOCs 从胶合板内释放的速度加快，释放的气味物质量增多；二是微池舱内相对湿度增加，会造成胶合板内部许多物质发生水解反应，如胶黏剂水解使得芳香烃化合物、醇类、酮类、醛类等小分子化合物释放量增加，且这些物质具有一定气味性；三是板材的吸附单元有两种，分别为亲水性吸附单元和疏水性吸附单元，增加微池舱内相对湿度即增加板材相对湿度会使亲水性单元吸附更多的水分子，从而使得原本吸附在亲水性单元中的 VOCs 释放出来，从而增加了板材的气味强度。

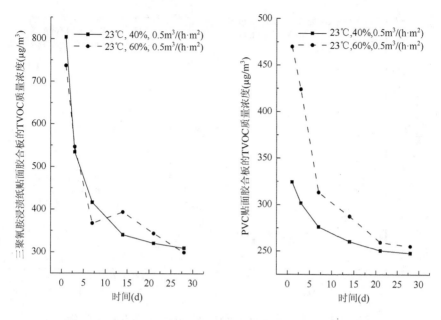

图 7-7　不同相对湿度条件下两种贴面胶合板 TVOC 释放水平

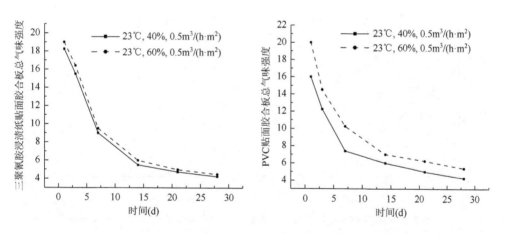

图 7-8　不同相对湿度条件下两种贴面胶合板的总气味强度释放趋势

　　T_1、T_5 和 T_6 实验条件下，随空气交换率与负荷因子之比的增加，两种贴面胶合板的 TVOC 释放量和总气味强度值出现下降（图 7-9，图 7-10）。释放初期，空气交换率与负荷因子之比对胶合板的 TVOC 释放量和总气味强度影响程度较大。第一天三聚氰胺浸渍纸贴面胶合板在空气交换率与负荷因子之比为 $0.2m^3/(h\cdot m^2)$ 的条件下释放的 TVOC 质量浓度是空气交换率与负荷因子之比为 $0.5m^3/(h\cdot m^2)$ 的条件下释放的 1.37 倍，是空气交换率与负荷因子之比为 $1.0m^3/(h\cdot m^2)$ 的条件下释

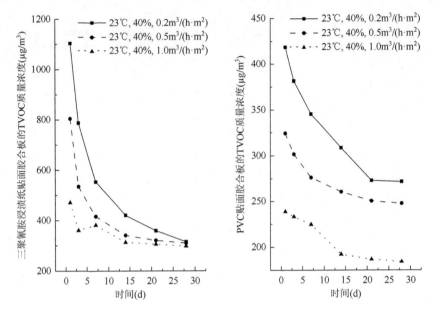

图 7-9　不同空气交换率条件下两种贴面胶合板 TVOC 释放水平

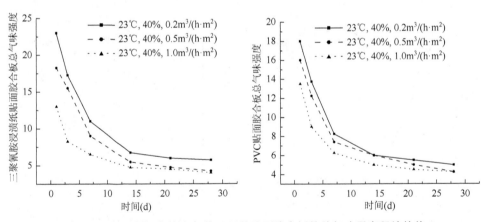

图 7-10　不同空气交换率条件下两种贴面胶合板的总气味强度释放趋势

放的 2.34 倍。第一天 PVC 贴面胶合板在空气交换率与负荷因子之比为 0.2m³/(h·m²) 的条件下释放的 TVOC 质量浓度是空气交换率与负荷因子之比为 0.5m³/(h·m²) 的条件下释放的 1.29 倍,是空气交换率与负荷因子之比为 1.0m³/(h·m²) 的条件下释放的 1.75 倍。这说明空气交换率与负荷因子之比越大,越会促进板材 VOCs 的释放,降低板材的气味强度,产生这种现象的原因是大量的高纯氮气通入微池中会稀释微池舱内的 VOCs,使微池舱内 VOCs 浓度降低,从而使得微池舱和板材内部的 VOCs 浓度梯度变大,促进了胶合板内的 VOCs 大量释放出来。在同温度同湿度条件下，三聚氰胺浸渍纸贴面胶合板在空气交换率与负荷因子之比为 $0.2m^3/(h\cdot m^2)$、$0.5m^3/(h\cdot m^2)$、$1.0m^3/(h\cdot m^2)$ 条件下释放的 TVOC 质量浓度比 PVC 贴面胶合板分别多释放 685.10μg/m³、476.66μg/m³、232.05μg/m³。这说明空气交换率与负荷因子之比对三聚氰胺贴面胶合板的影响作用更显著，空气交换率与负荷因子之比越高，越促进三聚氰胺浸渍纸贴面胶合板 VOCs 的释放，从而降低板材整体气味强度。

7.2.2　贴面人造板气味释放组分的影响

采用微池热萃取技术在不同环境因素条件下实验得到贴面胶合板 VOCs 种类有芳香烃、烷烃、烯烃、醛类、酮类、酯类、醇类和其他少量物质。在 $T_1 \sim T_3$ 条件下不同贴面胶合板气味组分在初始及稳态释放浓度见表 7-9。

表 7-9　不同温度条件下贴面胶合板气味组分初始和稳态释放浓度（μg/m³）

种类	三聚氰胺浸渍纸贴面胶合板					
	T_1		T_2		T_3	
	初始	稳态	初始	稳态	初始	稳态
芳香烃	138.12	84.31	166.28	20.24	502.25	68.31
烷烃	20.28	0	26.66	0	40.55	0
烯烃	0	0	0	0	31.96	0
醛类	0	0	26.11	20.47	33.49	6.97
酮类	162.88	11.76	410.00	109.00	200.07	4.45
醇类	16.52	16.52	84.72	16.71	29.38	70.02
酯类	40.77	15.93	41.68	0	96.03	105.97

种类	PVC 贴面胶合板					
	T_1		T_2		T_3	
	初始	稳态	初始	稳态	初始	稳态
芳香烃	158.34	92.90	182.59	126.47	203.59	40.27
烷烃	30.89	0	34.59	0	230.77	2.31
烯烃	0	7.63	0	0	0	0
醛类	0	24.99	16.32	6.90	34.07	8.19
酮类	0	0	6.56	0	17.79	0
醇类	23.53	22.24	10.03	0	0	0
酯类	12.10	0	0	10.09	39.79	11.38

　　$T_1 \sim T_3$ 条件下，即相对湿度为 40%±5%、空气交换率与负荷因子之比为 0.5m³/(h·m²)，PVC 贴面胶合板和三聚氰胺浸渍纸贴面胶合板释放初期检测到的气味物质质量浓度大多随温度的升高而增加。对比不同温度下贴面胶合板气味组分初始和稳态释放浓度（图 7-11），两种贴面胶合板在初始和平衡状态下释放的主要气味物质为芳香烃化合物。芳香烃气味物质主要来源于人造板在加工过程中使用的各种胶黏剂。释放初期，在 60℃条件下三聚氰胺贴面胶合板芳香烃、烷烃、酯类气味物质的质量浓度分别是 23℃条件下释放的 3.64 倍、2.00 倍、2.36 倍，是 40℃条件下的 3.02 倍、1.52 倍、2.30 倍；而酮类和醇类物质则是在 40℃的释放量最大，

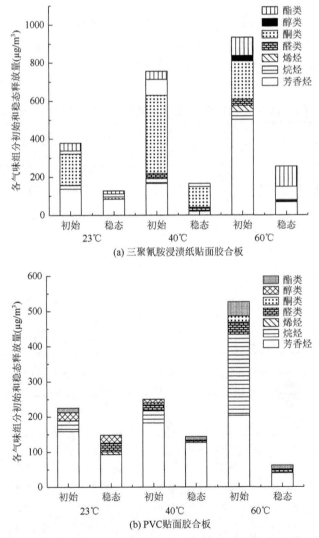

图 7-11　不同温度条件下贴面胶合板气味组分初始和稳态释放浓度

酮类物质在 40℃分别比 23℃和 60℃增加了 151.72%和 104.93%。醇类物质在 40℃分别比 23℃和 60℃增加了 412.83%、188.36%。醛类物质在 40℃和 60℃条件下出现，是因为板材自身存在的不饱和脂肪酸在相对较高的温度下发生自氧化，从而形成醛类物质。烷烃和烯烃物质在平衡状态没有显示气味特征。PVC 贴面胶合板在释放初期释放的芳香烃、烷烃气味物质质量浓度分别随温度的升高逐渐增加，而在平衡状态下芳香烃释放量在 40℃条件下达到释放的最高值，是 60℃条件下的 3.14 倍。平衡状态时，三聚氰胺浸渍纸贴面胶合板在 60℃条件下总气味物质质量浓度分别为 23℃和 40℃条件下的 98.97%、53.66%，而 PVC 贴面胶合板的气味物质质量浓度随温度的增加而逐渐降低，60℃条件下分别比 23℃、40℃条件下降低了 57.94%、56.68%。这说明温度对 PVC 贴面胶合板气味释放影响程度大。所以高温处理能让 PVC 贴面胶合板气味物质高度释放，使得气味物质的释放周期缩短。

　　由表 7-10 和图 7-12 可以发现，不同相对湿度条件下，增加相对湿度能够促进板材气味物质的释放。芳香烃气味物质的释放量随相对湿度的增加而增加，三聚氰胺浸渍纸贴面胶合板和 PVC 贴面胶合板初始状态在相对湿度为 60%条件下的气味物质释放量分别是相对湿度为 40%条件下的 135.53%、119.21%。烷烃物质在平衡状态均未呈现气味特征。在初始状态，三聚氰胺浸渍纸贴面胶合板中酮类、醇类气味物质随相对湿度的增加分别降低了 30.72%、40.50%。随相对湿度的增加三聚氰胺浸渍纸贴面胶合板酯类气味物质释放量也在增加，相对湿度为 60%条件下的酯类气味物质释放量是相对湿度为 40%条件下的 4.98 倍；当相对湿度由 40%升高到 60%时，烯烃类气味物质在稳态中呈现气味物质。PVC 贴面胶合板中，烯烃、酮类、醇类气味物质在相对湿度为 60%的条件下均未呈现气味特征；烷烃类气味物质在释放初期相对湿度为 40%条件下的气味物质释放量是相对湿度为 60%条件下的 301.37%。平衡状态下三聚氰胺浸渍纸贴面胶合板在相对湿度为 40%条件下总气味物质质量浓度是相对湿度为 60%条件下的 0.99，而 PVC 贴面胶合板在相对湿度为 40%条件下总气味物质质量浓度是相对湿度为 60%条件下的 1.15 倍。这说明增大相对湿度有利于 PVC 贴面胶合板释放气味物质，缩短气味物质释放周期，但对三聚氰胺浸渍纸贴面胶合板稳态下的气味物质释放影响微弱。

表 7-10　不同相对湿度下贴面胶合板气味组分初始和稳态释放浓度（μg/m³）

种类	三聚氰胺浸渍纸贴面胶合板			
	T_1		T_4	
	初始	稳态	初始	稳态
芳香烃	138.12	84.31	176.52	99.71
烷烃	20.28	0	7.02	0
烯烃	0	0	0	13.09

续表

| 种类 | 三聚氰胺浸渍纸贴面胶合板 | | | |
| | T₁ | | T₄ | |
	初始	稳态	初始	稳态
醛类	0	0	3.72	0
酮类	162.88	11.76	112.84	0
醇类	16.52	11.49	9.83	5.10
酯类	40.77	15.93	203.15	6.50

| 种类 | PVC 贴面胶合板 | | | |
| | T₁ | | T₄ | |
	初始	稳态	初始	稳态
芳香烃	158.34	92.90	250.05	115.69
烷烃	30.89	0	10.25	0
烯烃	0	7.63	0	0
醛类	0	24.99	7.75	3.75
酮类	0	0	0	0
醇类	23.53	22.24	0	0
酯类	12.10	0	0	9.21

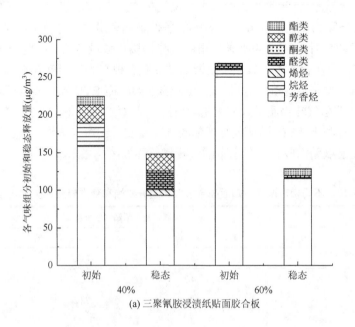

(a) 三聚氰胺浸渍纸贴面胶合板

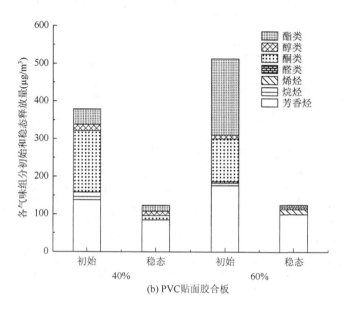

图 7-12　不同相对湿度条件下贴面胶合板气味组分初始和稳态释放浓度

　　由表 7-11、图 7-13 可以看出，在一定范围内随着空气交换率与负荷因子之比的增加，气味物质释放量逐渐降低。在三聚氰胺浸渍纸贴面胶合板中，初始状态时芳香烃和醇类物质随空气交换率与负荷因子之比的增加而降低，烷烃类物质在稳态中未呈现气味特征。在 PVC 贴面胶合板中，初始状态时芳香烃、烷烃和醇类气味物质均随空气交换率与负荷因子之比的增加而降低，而酯类气味物质仅在空气交换率与负荷因子之比为 $0.5m^3/(h\cdot m^2)$ 的条件下释放的初期出现。在释放初始状态，三聚氰胺浸渍纸贴面胶合板酮类气味物质在空气交换率与负荷因子之比为 $0.5m^3/(h\cdot m^2)$ 下得到高效释放，分别是空气交换率与负荷因子之比为 $0.2m^3/(h\cdot m^2)$、$1.0m^3/(h\cdot m^2)$ 条件下的 2.59 倍、10.66 倍。释放初期三聚氰胺浸渍纸贴面胶合板中的酯类气味特征化合物在空气交换率与负荷因子之比分别为 $0.2m^3/(h\cdot m^2)$、$1.0m^3/(h\cdot m^2)$ 条件下得到有效释放，分别是空气交换率与负荷因子之比为 $0.5m^3/(h\cdot m^2)$ 条件下的 6.71 倍、2.52 倍。PVC 贴面胶合板中，芳香烃和烷烃类气味物质在释放初期随空气交换率与负荷因子之比的增加而降低。在不同空气交换率与负荷因子之比条件下，醛类物质在稳态中均出现，原因可能是板材自身在释放后期出现不饱和脂肪酸自氧化。醇类气味物质在空气交换率与负荷因子之比为 $1.0m^3/(h\cdot m^2)$ 条件下未呈现气味特征化合物。

表 7-11   不同空气交换率与负荷因子之比下贴面胶合板气味组分初始和稳态释放浓度（μg/m³）

种类	三聚氰胺浸渍纸贴面胶合板					
	T_5		T_1		T_6	
	初始	稳态	初始	稳态	初始	稳态
芳香烃	173.04	76.90	138.12	84.31	113.60	62.93
烷烃	24.22	0	20.28	0	24.38	0
烯烃	34.85	0	0	0	0	25.21
醛类	0	27.69	0	0	0	0
酮类	62.84	0	162.88	11.76	15.28	0
醇类	30.00	11.50	16.52	11.49	14.16	0
酯类	273.44	0	40.77	15.93	102.56	0
种类	PVC 贴面胶合板					
	T_5		T_1		T_6	
	初始	稳态	初始	稳态	初始	稳态
芳香烃	207.57	92.04	158.34	92.90	106.03	56.52
烷烃	37.87	12.23	30.89	0	15.58	0
烯烃	46.68	0	0	7.63	11.24	0
醛类	0	16.41	0	24.99	0	21.14
醇类	35.88	17.62	23.53	22.24	0	0
酯类	0	0	12.10	0	0	0

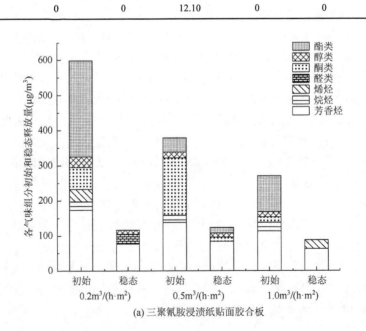

(a) 三聚氰胺浸渍纸贴面胶合板

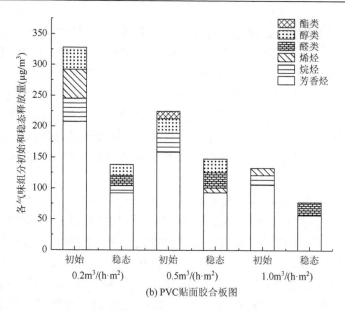

(b) PVC 贴面胶合板图

图 7-13　不同空气交换率与负荷因子之比下贴面胶合板气味组分初始和稳态释放浓度

7.3　本 章 小 结

（1）硝基漆和水性漆饰面刨花板释放初期 TVOC 的释放量和总气味强度均为释放最高值。随着时间的推移 TVOC 的释放量和总气味强度逐渐下降，直至达到一个平衡的状态。释放初期，硝基漆饰面刨花板 TVOC 的释放总量和总气味强度均高于水性漆饰面刨花板。随着时间的进行，两种漆饰刨花板 TVOC 的释放总量的差异逐渐减少。直到平衡状态时，硝基漆饰面刨花板和水性漆饰面刨花板的 TVOC 的释放总量逐渐趋于同一水平，而硝基漆饰面刨花板的总气味强度仍高于水性漆饰面刨花板。

（2）随着空气交换率与负荷因子之比的增加，硝基漆饰面刨花板和水性漆饰面刨花板 TVOC 质量浓度和总气味强降低。但是，随着温度的升高，硝基漆饰面刨花板和水性漆饰面刨花板 TVOC 质量浓度和总气味强度增大。随着相对湿度的增加，硝基漆饰面刨花板 TVOC 质量浓度和总气味强度增大，水性漆饰面刨花板 TVOC 质量浓度和总气味强度减小。在释放前期温度对两种漆饰刨花板 TVOC 质量浓度影响较明显，随着时间的进行影响逐渐减弱。

（3）硝基漆饰面刨花板气味物质浓度占 TVOC 浓度的比例随着温度和相对湿度的升高而增加。水性漆饰面刨花板气味物质浓度占 TVOC 浓度之比随着温度和相对湿度的升高而减少。空气交换率与负荷因子之比对气味物质浓度占 TVOC 浓度的比例影响不大。

（4）板材释放初期，温度越高对 TVOC 的释放浓度和总气味强度影响越显著。随着温度的增加，平衡状态下的 TVOC 释放量和总气味强度值均略高于低温条件。三聚氰胺浸渍纸贴面胶合板的 TVOC 释放量和总气味强度随着温度的增加逐渐远大于 PVC 贴面胶合板的 TVOC 释放量和总气味强度。两种贴面胶合板在初始和平衡状态下释放的主要气味物质均为芳香烃化合物。三聚氰胺浸渍纸贴面胶合板释放的芳香烃、烷烃、酯类气味物质随温度的增加释放量逐渐增加。PVC 贴面胶合板在释放初期释放的芳香烃、烷烃气味物质质量浓度均随温度的升高逐渐增加。

（5）提高环境的相对湿度能够促进贴面胶合板 VOCs 和气味物质的释放。三聚氰胺浸渍纸贴面胶合板中芳香烃和酯类气味物质随相对湿度的增加而增加，酮类、醇类气味物质随相对湿度的增加而降低，当相对湿度由 40%升高到 60%时烯烃类物质在稳态中呈现气味物质。PVC 贴面胶合板中，烯烃、酮类、醇类物质在相对湿度为 60%的条件下均未呈现气味特征，烷烃类气味物质随相对湿度的增加而降低。相对湿度有利于 PVC 贴面胶合板释放气味物质，缩短气味物质释放周期，但对三聚氰胺浸渍纸贴面胶合板稳态下的气味物质释放影响微弱。

（6）随空气交换率与负荷因子之比的增加，两种贴面胶合板的 TVOC 释放量和总气味强度值出现下降趋势。在同温度、同湿度条件下，三聚氰胺浸渍纸贴面胶合板在不同的空气交换率与负荷因子之比条件下释放的 TVOC 质量浓度和总气味强度均比 PVC 贴面胶合板释放的高。

（7）在三聚氰胺浸渍纸贴面胶合板中，在初始状态，芳香烃和醇类物质随空气交换率与负荷因子之比的增加而降低，烷烃类物质在稳态中未呈现气味特征，酮类气味物质在空气交换率与负荷因子之比为 $0.5m^3/(h·m^2)$ 条件下得到高效释放，酯类气味物质在空气交换率与负荷因子之比分别为 $0.2m^3/(h·m^2)$、$1.0m^3/(h·m^2)$ 条件下得到有效释放。PVC 贴面胶合板中，芳香烃和烷烃类气味物质在释放初期随空气交换率与负荷因子之比的增加而降低，醛类物质在稳态中均呈现出气味特征，醇类气味物质在空气交换率与负荷因子之比为 $1.0m^3/(h·m^2)$ 条件下未呈现气味特征化合物。

参 考 文 献

曹连英. 2013. 人造板 TVOC 释放多相传质模型及释放特性参数研究[D]. 哈尔滨：东北林业大学.

杜超，沈隽. 2015. 人造板 VOCs 快速检测法与气候箱法的对比[J]. 林业科学，51（3）：109-115.

杜卉. 2008. 水性漆——涂料市场的革命[J]. 时代经贸，（5）：88-90.

贾绍义，柴诚敬. 2000. 化工传质与分离过程[M]. 北京：化学工业出版社.

李爽，沈隽，江淑敏. 2013. 不同外部环境因素下胶合板 VOC 的释放特性[J]. 林业科学，49（1）：179-184.

李晓红. 2005. 室内装修用内墙涂料、油漆中 VOCs 释放行为研究[D]. 兰州：兰州大学.

李晓红，李万伟，刘兴荣. 2008. 温度对涂料和油漆中挥发性有机物释放的影响[J]. 环境与健康杂志，（6）：544-545.

单波，陈杰，肖岩. 2013. 胶合竹材 GluBam 甲醛释放影响因素的气候箱试验与分析[J]. 环境工程学报，7（2）：649-656.

杨帅，张吉光，任万辉. 2007. 自然通风对装饰材料对污染物散发的影响分析[J]. 山东暖通空调，（2）：155-160.

余跃滨，张国强，余代红. 2006. 多孔材料污染物散发外部影响因素作用分析[J]. 暖通空调，36（11）：13-19.

赵杨，沈隽，赵桂玲. 2015. 胶合板 VOC 释放率测量及其对室内环境影响评价[J]. 安全与环境学报，15（1）：316-319.

朱海欧，阚泽利，卢志刚，等. 2013. 测试条件对竹地板挥发性有机化合物释放的影响[J]. 木材工业，27（3）：13-17.

第8章 结 语

本书第 1 章首先对人造板挥发性有机化物（VOCs）的来源、危害及国内外发展现状进行概述，分析了人造板 VOCs 释放推荐值、装载率对室内空气质量的影响。根据生物嗅觉感知、气味分类、传播及与人类的关系，讨论了人体感官嗅觉在人造板气味分析方面应用的可行性，同时全面介绍了气相色谱-质谱/嗅觉技术，系统地开展了人造板 VOCs 释放及气味鉴别与评价研究。

本书第 2 章和第 3 章初步探究了人造板 VOCs 释放推荐值，对市场上常用人造板的 VOCs 释放水平进行测试，并以两种不同的标准为限量浓度评估了人造板 VOCs 释放对室内空气质量的影响。参考美国 GREENGUARD 标准，初步探究人造板 VOCs 释放推荐值，将人造板及其制品分为合格品和优等品，制定了苯、甲苯、二甲苯、乙苯、苯乙烯、萘、联苯等 VOCs 单体的释放推荐值，并对总醛类、TVOC 的释放浓度进行了限定。通过测试常用人造板 VOCs 释放水平，发现不同人造板总挥发性有机化合物（TVOC）释放特性相同，即随着时间的延长 TVOC 的浓度逐渐减小，在释放初期（前 7 天），TVOC 的浓度高，下降快，从第 14 天到 28 天，TVOC 的浓度趋于稳定，变化不大；不同 VOCs 组分的释放特性不同，人造板释放的主要 VOCs 的浓度变化与 TVOC 的变化规律相似，都随着时间逐渐降低，因此在人造板 VOCs 治理过程中，最关键的是在释放初期控制和抑制 VOCs 主要物质的释放；平衡状态下人造板释放的 VOCs 中，萘为刨花板、胶合板和中密度纤维板共有的毒性最高的化合物。应用综合指数评价法以两种不同限量浓度评估人造板 VOCs 的释放对室内空气质量的影响程度，发现在释放初期人造板释放的 VOCs 对室内空气质量的影响较大，建议板材从出厂到使用至少陈放 28 天。此外两种评价结果具有线性相关性，说明初步探索的人造板 VOCs 释放推荐值具有可行性。

本书第 4 章和第 5 章研究了装载率对饰面刨花板、饰面中密度纤维板 VOCs 释放的影响，并建立了饰面人造板 VOCs 室内装载量释放模型。结果表明：在开放条件下，刨花板和中密度纤维板的 VOCs 释放量均呈现随陈放时间的延长而逐渐降低的趋势，VOCs 浓度的增长速率逐渐减小，最终达到平衡；在密闭条件下，PVC 饰面板、三聚氰胺饰面板、水性漆饰面板以及素板的 TVOC 都随时间增加，释放速率由快到慢，最后趋于平衡；开放和密闭实验条件下，随着装载率的增加，饰面板的 VOCs 的浓度也会增加，但两者之间没有明显的线性关系；可以用公式

$I = ax^b$ 来表示同种饰面刨花板和中密度纤维板的 I 值随装载率变化的情况，从而推测该饰面板材不对人体造成危害的装载率限量。

本书第 6 章鉴定了刨花板、胶合板素板以及饰面板材释放的气味物质，同时结合综合指数法和气味质量评级评价了以饰面刨花板为代表的气味释放对空气质量影响。研究得到不同人造板素板及饰面人造板的主要气味活性成分。两种贴面人造板的 TVOC 质量浓度和总气味强度整体上均低于相同厚度的人造板素板，发现贴面处理能够有效阻碍刨花板本身 VOCs 以及气味的释放。不同气味特征化合物的气味强度和其浓度并没有直接的相关性，但是同一种气味特征化合物的质量浓度会一定程度上影响其气味强度的大小，过低的浓度值会导致感官评价员嗅觉上无法察觉。总气味强度和气味评级通过高斯函数可以建立良好的拟合关系，以本书实验的五种板材为例，气味评级随着板材总气味强度的增大非线性增加，当气味强度达到一定程度，气味评级不再增大，而是趋于稳定。根据评价结果，建议板材应用到室内前要陈放足够的时间，同时做必要的处理，降低板材 VOCs 的释放对人体的影响。

本书第 7 章分析了环境因素对漆饰、贴面人造板 TVOC 及气味释放的影响。研究发现硝基漆和水性漆饰面刨花板的 TVOC 质量浓度和总气味强度随着温度的增加和空气交换率与负荷因子之比的减小而升高。随着相对湿度的增加，硝基漆饰面刨花板 TVOC 质量浓度和总气味强度增大，而水性漆饰面刨花板 TVOC 质量浓度和总气味强度减小。PVC 贴面胶合板和三聚氰胺浸渍纸贴面胶合板的 TVOC 质量浓度和总气味强度随着温度的增加和空气交换率与负荷因子之比的减小而增加。增加相对湿度有利于 PVC 贴面胶合板释放气味物质，缩短气味释放周期，对三聚氰胺浸渍纸贴面胶合板稳态下的气味物质释放影响微弱。释放初始状态，三聚氰胺浸渍纸贴面胶合板的 TVOC 释放量和总气味强度随着温度、相对湿度的增加和空气交换率与负荷因子之比的降低逐渐远大于 PVC 贴面胶合板的 TVOC 释放量和总气味强度。

本书研究得到人造板 VOCs 释放推荐值及保证室内空气无污染环境下饰面人造板最大装载量，利用 GC-MS/O 技术对不同饰面人造板释放气味特征化合物进行鉴定，揭示人造板家居制作材料异味产生的根源，同时探索气味释放的特性以及环境因素对气味释放的影响，并对板材释放气味特征化合物进行分析评价。本书对人们更科学合理地选择和使用人造板材，有针对性地关注主要污染化合物以及气味物质对室内空气质量的影响，保障居民健康，促进我国人造板产业更加健康、绿色发展具有重要意义。